再苦别让心太累

别为压力抓狂，别为未来迷茫

苏　珊◎著

中国华侨出版社

图书在版编目(CIP)数据

再苦别让心太累 / 苏珊著.—北京:中国华侨出版社,
2015.4

ISBN 978-7-5113-5345-0

Ⅰ.①再… Ⅱ.①苏… Ⅲ.①成功心理–通俗读物
Ⅳ.①B848.4–49

中国版本图书馆 CIP 数据核字(2015)第063088 号

再苦别让心太累

著　　者 / 苏　珊

责任编辑 / 月　阳

责任校对 / 孙　丽

经　　销 / 新华书店

开　　本 / 787 毫米×1092 毫米　1/16　印张/18　字数/239 千字

印　　刷 / 北京建泰印刷有限公司

版　　次 / 2015 年 5 月第 1 版　2015 年 5 月第 1 次印刷

书　　号 / ISBN 978-7-5113-5345-0

定　　价 / 33.00 元

中国华侨出版社　北京市朝阳区静安里 26 号通成达大厦 3 层　邮编:100028
法律顾问:陈鹰律师事务所
编辑部:(010)64443056　　64443979
发行部:(010)64443051　传真:(010)64439708
网址:www.oveaschin.com
E-mail:oveaschin@sina.com

前　言

　　在人生的道路上，我们只顾不停地向前，脆弱的心灵承受各种各样的来自生活、工作、感情等方面的压力，身累心也累，原本快乐的心也开始感到疲惫，想要逃离。快节奏的生活，带给了我们丰厚的物质享受，却也在奴役着我们的心。或抑郁孤独，或喜怒无常，或顾虑重重，或郁郁寡欢……请扪心自问，是什么拖累了你的心？

　　累由心生。一个人最大的劳累，莫过于心累。人生并非一直如你所愿，你愤恨；面对无法改变的事，你焦虑；那些得不到、离别苦，你伤身……如此种种，都是心累的祸源。眼睛累了，可以选择离开；耳朵累了，可以选择逃避；嘴巴累了，可以选择沉默。但心累了，该选择什么呢？

　　人之所以会心累，是因为欲望太多，计较太多，空念太多，犹豫太多，心的负累太多，以至少了心安和快乐。其实生活只需拥有一份恬淡平和的心情，一颗自由的心，一份简单细致的人生态度，你便会活得轻松自在，安闲洒脱。

不管你正在经历着什么，承受着什么，都要保持一种淡然，不迷失自己，心无贪念的姿态，无惊无惧，无怨无悔，在每一个清晨都能快乐地醒来，在每一个黑夜都能安然地睡去，快乐时能自持，悲伤时能自制，营造达观心态，铺就美好的人生之路。

一种心不累的活法，一个心灵宁静之道，帮你参透人生，悟出智慧，传递正能量。让你在烦恼时学会从容，在失意时重新振奋，在焦躁时获得平静，在失落时得到慰藉，在纠结时可以释怀，在繁杂的大千世界中，让心安静，不焦虑，不纠结，不紧张，不愤怒，不虚荣，不计较，做一个幸福的人，简单自持，在压力中，也可以让心闲庭信步。

从今天起，远离一切扰乱我们内心的繁杂和喧嚣，重新领悟生命的真谛，体味存在于我们周围一切细小的快乐和幸福，获得洒脱和惬意的人生！

目 录
CONTENTS

下篇／境由心转
好心态才能过上好人生

上篇／累由心生

是什么拖累了你的心

快节奏的现代化生活，给我们带来了许多物质上的享受，却也不时地在撩拨着我们的心弦，不时地扰乱着我们内心的平静。在人生的道路上，我们只顾不停地向前，不停地追寻，我们内心不时地会感到烦恼、焦虑、紧张、迷茫、彷徨、失落、懈怠、颓废……有时候会突然感到迷惑：不知忙忙碌碌究竟是为了什么？也不知生命为何如此沉重？总会不自觉地在得与失之间挣扎不止，在舍与弃之间犹豫不决，在不幸与挫折面前抱怨不止，在众多的选择中迷失自己……我们的心开始慢慢地感到疲惫、麻木，再也找不回当初的真我！

第一辑

你之所以心累，是因为欲望太多

人们总是会为"飞蛾扑火"而叹息，总是会为"鱼儿上钩"而遗憾，如果静下心来仔细想想：人心中的疲惫有多少是无尽的欲望带来的？

有句话说："人心不足蛇吞象。"很多时候，人之所以不能心平气和地生活，不能体会到生活的快乐和幸福，是因为没有及时驱赶内心无止境的欲望，没有制止内心对外在物质的追求。如果你想要活得快乐、幸福，过得心安理得，就必须及时驱除内心的贪念，这也是获得自由人生的根本！

欲望是烦恼的根源

欲望是内心不清净的根源，欲望多的人，贪心就重，也很容易患得患失。为此，他们的内心必然会产生诸多的冲突与矛盾，而冲突和矛盾会将人置于不断地焦虑与烦恼之中。

有这样一个故事：

有一位老妇人每天都唉声叹气的，感到很烦恼。一位智者问她为何每天都心情极其沮丧,她就说:"我有两个女儿,大女儿嫁给了一个开洗衣作坊的人,二女儿嫁给卖雨伞的。到天下雨的时候我就为我开洗衣坊的女儿担心,担心她的衣服晾不干;到晴天的时候我担心我那卖雨伞的女儿,怕她的雨伞卖不出去。"

智者闻言,对她说道:"您这是在自寻烦恼。其实,您的福气很好,下雨天,您二女儿家顾客盈门;天晴时,您大女儿家生意兴隆。对于您来说,哪一天都有好消息呀,您没必要天天烦恼呀!"

老太太听了这样的话,心里便轻松了一些。

人生本没有烦恼,所有的烦恼都是由人内心的欲望所生!老妇人由于贪求太多,想在下雨天让大女儿的生意好起来,想在天晴时让二女儿的生意也好起来,所以才烦恼不止。最终,在智者的开导下,她放下了心中的欲望,那一刻的她烦恼减少了很多,心里也感到了轻松。

每个人可能都有这样的体会:当我们在年少的时候,因为无所求,所以会感到轻松、快乐。成年后,因为要面对太多的世事和诱惑,心中的欲望就越来越多,为了满足自己,我们每天都在不停地捡拾,自以为装进去的都是好东西,殊不知,捡起来的恰恰是无尽的烦恼。慢慢地,我们心中承受的东西越来越多,想拥有钱财、美色、饮食,想拥有权力、名望……凡是触及我们生活的东西,我们都想拥有,而这些欲望一旦得不到满足之时,我们的内心就会变得沉重,心里塞满了烦恼,快乐自然也就消失了。所以说,欲望是一切烦恼的根源,只有杜绝了心中的欲望,一切烦恼才会消失。

可能有人会说,如果完全没有欲望,人类如何进步呢?的确,欲望是人类进步的原动力,如果没有欲望,也就没有人类的今天。所以,我们也不能因为欲望能产生烦恼，就"存天理，灭人欲"，关键是我们如何控制好自身的欲望，使欲望既合理存在，又能减少我们心中的烦恼。那么，我们应如何去做呢？

要使欲望对我们发挥更为积极的作用，一定要控制好欲望的"度"，不应把目标定得太高。我们自小可能都受这样一种教育理念影响："王侯将相宁有种乎？""不想当元帅的士兵不是好士兵。"其实，这些话作为励志教育很好，但作为人生的目标明显有些太"过"，王侯将相、元帅等，世上能有几人？大千世界还是普通人占大多数。如果目标定得过高，好高骛远，一旦实现不了，烦恼自然就来了。

同时，我们也要把握好实现自身欲望的手段。实现欲望的手段一定要是正确的，要以不侵犯大多数人的利益为前提。否则，你要满足欲望所遇到的阻力自然就会多出很多，烦恼也必然会多出许多。

另外，在实现自身欲望的过程中要懂得分享。一个不懂得与他人分享的人，在成功之路上是走不远的。因为一个人再有能力，总不能囊括天下所有事情，做起事情自然会因负累太多而失败。在很多情况下，分享成果的过程，也是让他人为你分担烦恼的过程。所以，不管在任何时候，一定要懂得分享。

所谓欲望是烦恼产生的根源，没有欲望，也就没有烦恼，这话的确是真的。但是作为一个凡夫俗子，生活中或多或少都会有欲望，但是只要我们把握好欲望的"度"，才不至于使自己的内心负累太多。

心多贪念，必成羁绊

在生活中，我们之所以放不下，就是因为心中存有太多的杂念，这些杂念时时刻刻束缚着我们的内心，同时也束缚了我们的生活。可以试想：如果我们的内心一直处于十分平静的状态，杂念和烦恼自然也就无安身之地，这样我们才能更容易地排除外物的诱惑，才能将事情进展得更为顺利。

但是，生活中却有很少的人才能够达到这种境界，因为世间总有不尽的诱惑在缠绕着我们，束缚着我们的内心，最终也不能将事情进展得更为顺利。然后，再生出烦恼，再将事情弄糟……如此地恶性循环，于是抱怨、愤怒、忌恨等一些负面的情绪就继而不断地缠绕着你，你的生活自然也没有什么快乐而言了。当你真正静下心来细细思考的时候，就会明白，其实干扰你的并非是外界环境，而是那颗不安的心。

从前有一户穷苦人家，住在深山中。

有一天，母亲要求 16 岁的儿子到山下去打些油回来。在离开之前，母亲就递给儿子一个大碗，并不时地嘱托他："你一定要小心，我们最近经济真的很紧张，你绝对不能把油给洒出来。"

儿子小心地应和着，很长时间才来到山下母亲指定的店里买油，儿子心想：下山一次太不容易了，不如多打点回去，只要自己走路小心点，一定会安然地把油端回家中的。于是，他就让油店伙计把他的碗全部都装满了油。

儿子就小心翼翼地端着装满油的大碗，一步步地走在山路上，不敢左顾右盼。十分不幸的是，他在快到庙门口村里的时候，由于内心的紧张没有看前行的路，一下子踩进了一个小坑中。虽然没有摔倒，但碗里的油却洒掉了三分之一。儿子十分懊恼，而且紧张得手都开始发抖，无法将碗端稳。回到家里后，油却洒掉了一半。母亲看到装油的碗时，感到有些生气，对儿子不客气地说："不是说好让你小心点吗？为何还是洒了这么多油，白白浪费了那么多钱！"儿子心中十分难过。

这时候，爸爸听到了，闻声来了解情况。随后，他就不停地安慰儿子，并私下里对儿子说："我再派你去买一次油，这次你只要买些油回来，只装一半就可以了，并且我要你在回来的途中，多观察你周围的人与事，并且回来后跟我报告。"

儿子又勉强下山了，但是他这次心中不再紧张，因为他想只有半碗油，无论如何也洒不掉的，于是心情极为轻松。也就在回家的途中，他才发现路上的风景真的很美。远方翠绿的山峰，又有农夫在田中唱歌。一会儿，又看到路旁边的一群小孩子在路边玩得十分开心，而且还有一群小狗卧在那儿晒太阳。儿子就这样一边走一边看风景，不知不觉地就回到了家中。当儿子把油交给父亲时，才发现碗里的油装得好好的，一滴都没有损失掉。

一切烦恼皆由心生，就像这位打油的儿子一样，第一次由于油装得太多，所以心存顾虑，做事缩手缩脚，放不开，最后反而将油弄洒了。到后来，由于油装得少，所以才放下了心中的顾虑，轻松地完成了任务。所以，在生活中，我们一定不要有太多的贪念，这样才不至于生出太多的烦恼，来束缚我们的快乐生活。

我们生活中的许多烦恼和忧虑皆是由于我们内心感受对外界事物的一种投射而已，如果我们能够日日更新、时时自省，就会摆脱世俗的困扰，清除心灵的尘埃。智慧的人是能够体悟到万物皆空的道理的，这种万物皆空并不是消极悲观的虚无，而是没有执着，没有牵挂，坦荡磊落，广大自在的一种心境。如果我们把生活中的物欲横流看作是镜中花水中月，便会觉得世间也没有什么可求可恋，你的心灵和人生也就没有了所谓的障碍、痛苦和烦恼，你的心灵也就能够达到一种完美清净的境界。

有一名刚出家的佛门弟子，平时十分刻苦，终日打坐，想成为禅僧。

他的师父发现后，便问道："你为何要终日打坐？"

弟子答道："我要成为禅僧。"

师父听罢，微微一笑，说："你打坐的目的就是为了成为禅僧吗？"

弟子回答道："是的。您不是经常教导我们说，打坐可以守住最容易迷失的心，可以以清净之心来看待周围的一切事物，终将可以成为禅僧吗？"

师父说："你错了，你心中带有欲望去打坐，如何才能以清净之心来看待周围的一切事物呢？你这样打坐只是在折腾自己的身体，根本不会成为禅僧。"

弟子越听越糊涂，迷惑地望着师父。师父这样说道："要成为禅僧并不是让你整日地坐着，而是心情要达到一种极度的宁静状态。你带着目的去参禅打坐，内心只会散乱，我们的心灵本来就是清净安宁的，你受到了外界的这些物象的迷惑与困扰，便会如同明镜上面蒙上了灰尘一样，最终不仅不能成为禅僧，而且还会在不知不觉中愚昧地迷失了自我。"

由此可见，心多贪念，必成羁绊。就像故事中的小和尚，如果你总是带着一定的功利目的去做事情，心最终会被拖累，最终你也极难达到自己的目标。

所以，在生活中，如果我们时常能够摒弃一切贪杂，以一颗平静之心去看待周围的事物，就能够使自己的心灵达到完美、清净的境界。

欲望越多，心灵负担越重

我们通常说的"地狱"在哪里呢？其实，它就在人的内心之中。在茫茫尘世中，人的欲望越多，越难满足，心灵深处的不安和愤怒之火就会越旺盛，最终会将自己推向地狱的深渊。

惠兰是一个都市白领，高学历，高收入，人长得十分漂亮，身材也很好。每天上班她都会有着不同风格的打扮，时髦得体的她，赢得了周围所有同事的称赞。在一片赞扬声中，她的虚荣心越发膨胀起来，为了更引人注目，为了讲求品位，她不惜花大笔的钱去购买名贵时尚的珠宝、名牌服装、高档箱包……她的收入毕竟有限，对时尚物质追求的强烈欲望，已经让她负债累累。

有一次，在与朋友聊天的过程中，惠兰说自己其实活得很累，别人看到的只是她一个光鲜亮丽的外表，但是她的内心已经疲惫不堪。她也反省过自己，超负荷地购买名牌物品似乎也没让自己真正开心过，她也想快乐起来，但是，这种欲望却让她欲罢不能。

由于内心的负担过重，原本漂亮的惠兰也变得憔悴了许多，对生活失去了乐趣，对工作也丧失了兴趣，时常唉声叹气，人也变得悲观厌世。她甚至不知道自己该如何是好……

收入颇高的惠兰本应该过得很轻松、很快乐的，但是就是因为心中越来越多的欲望让她的心灵承载了太多的负担，也让她丝毫品尝不到轻松和快乐的滋味。其实，她本人已经很漂亮了，何必要用那些外在的名贵物品去刻意地装饰自己呢！

在现代都市中，我们很容易被太多的欲望牵着走，得到了一段美好的感情，又想拥有一个美满的家庭，随即又想有一个可爱的孩子，又想拥有一份成功的事业……这些无止境的欲望，使我们的心灵承载了太多的负担，永远没有停歇下来的时候。"累！累！累！"成了我们呼之欲出的口头语。我们只是在欲望的深渊中挣扎不止，不知何时才能解脱！

有些人可能会说，那些喊"累"的人是因为欲望太大了，而我对生活的要求很低，但是为何还会感到累呢？下面的一则故事将会告诉你答案。

在课堂上，一位哲学老师拿起一杯水，然后就问她的学生："各位认为这杯水有多重呢？"有的学生说有 50 克，也有的说 100 克。

"是的，它仅仅只有 100 克——那么，你们可以将这杯水端在手中能一直持续多久呢？"老师又问道。很多人都笑了，心想：100 克而已，拿多久又会怎么样！

老师没有笑，他接着说："拿一分钟，大家肯定会觉得没有问题；如果拿一个小时，大家可能会觉得手酸；如果让你拿一天，甚至拿一个星期呢？那可能得叫救护车了。"大家都笑了。

老师又继续说道："其实这杯水的重量是很轻的，但是当你拿得久了，就会觉得沉重无比。这就如同我们内心不断积聚的小小的欲望，不管它有多小，时间一久，终也将会成为你心灵的沉重负累。"

如果我们能适时地放下水杯，休息一下后再拿起，才能持续得更久。所以，我们也要适时地放下自己心中的欲望，让自己的心灵能有时间好好地休息一下，如此才能让自己活得更长久些。

正如故事中所说的：不管你的欲望有多小，随着时间的堆积，它也会成为我们心灵的负累。所以，不管在任何时候，我们都要适时地放松自己，才能让自己走得更远。这就如同一张拉开弦的弓，绷得太紧就容易断，只有恰到好处，箭才能飞得更高、更远，最终射中目标。人生旅途中，也需要我们不时地放下一次背上不需要的包袱，轻装上阵，只有这样，我们才能让自己走得更远。

哲学家说："眼睛不要睁得太大，且问，百年以后，哪一样是你的？"是的，我们每个人苦苦追寻的东西，到最终又有哪一样才是属于自己的呢？而只有心灵的快乐与轻松才是生命的真谛，才能让我们的生命恒久地拥有。也就是说，心灵是称量我们生命的天平。

心中多一份悲伤，生命就会多一份痛苦；心中多一点阳光，生命就会多一些快乐。心灵的负担越重，生命的脚步就越慢，以致最终因不堪重负而停止，所以，我们要多多放下心中的欲望，不要让心灵承载太多的负累，最终才能让自己获得恒久的快乐。

人痛苦是在于去追求错误的东西

人之所以痛苦，很大程度上就在于去追求错误的东西。

那么，什么是"错误的东西"呢？错误的东西就是本不该属于自己的、超乎自己能力以外的东西。去追求超乎自己能力以外的东西，一定会感到心累，痛苦也就会随之而来。比如，一个贫穷的人想要得到奢华的住房、名贵的汽车，但是，他本身又没有足够的金钱、足够的能力去达成这些目标，现实与理想就产生了落差，内心就有了矛盾，烦恼和痛苦就会如影随形。

在生活中，我们一定要去追求真正属于自己的东西，追求自己能力所及的东西，这样才能使内心获得真正的平静与快乐。

有一位有名的作家，每天都觉得自己活得很累，总静不下心来去进行创作。于是，他就向一位智者求教。

作家问道："我不明白，为什么在成功后我觉得自己越来越忙碌，越来越觉得心累呢？"

智者问道："你每天都在忙些什么呢？"

作家回答："我一天到晚都在忙着应酬，到处做演讲，接受各种媒体的采访……这些事情使我心情烦躁，写作已经成为我的一种负担。我觉得自己太辛苦了，心也很累。"

智者转身打开身后的衣柜，对作家说："在这一生中，我收藏了许多漂亮的衣物，你试着将它们穿上，就能知道自己为什么会感到心累了。"

作家疑惑地说："我身上穿有衣服，你的这些衣服未必适合我呀！如果我将这些衣物都穿在身上，一定会沉重，会难受的。"

智者回答："你也明白其中的道理，又为何要来问我呢？"

作家感到莫名其妙，就又随口问道："您所说的话，我有点不太明白，您能说得更明确一点吗？"

智者答道："你身上的衣服已经足够，倘若让你穿上更多漂亮的衣服，你会觉得沉重无比。你只是一个作家，为何要去做一些交际家、演讲家要做的事情呢？这不是自讨苦吃吗？"

作家顿悟道："每个人去追求只属于自己的东西，做一些自己应该做的事情，这样才能得到轻松和快乐啊！"

从此以后，作家就辞去了不必要的职务，推却了不必要的应酬，潜心写作，并最终达到了人生创作的高峰，并且再也没有感到过疲惫和烦躁，生活变得轻松和快乐了许多。

生活中，每个人都有自己的追求和欲望，从辩证的角度看，有欲望、有追求并非完全是一件坏事，因为欲望和追求可以激发人的潜能，能够推动我们不停地向前行。但是，欲望如火，可以取暖，亦可以毁人，我们一定要掌握好理智与欲望之间的平衡关系，而不要让欲望成为我们内心的负担。要知道，在很多时候你所追求的东西并不一定是自己真正能够得到的东西，也并不一定是自己心灵深处真正需要的东西，如果自己盲目去追求，必然会被其所累。

"今日的执着，终会造成明日的后悔"，如果你执着于错误的东西，内心将无法得到长久的平静，也无法获得长久的快乐。

有这样一则笑话：

一个男子到一家婚姻介绍所，进了大门以后，迎面就看到两扇小门，一扇门上写着"美丽的"，另一扇写着"不太美丽的"。男人就想，里面一定有许多绝色美女，并不停地幻想那些绝色美女的模样，并随后推开"美丽的"门。推开后，远处又出现两扇门。一扇门上面写着"年轻的"，另一扇写着"不太年轻的"。男人又开始不停地幻想，并不停地向前走，又推开那扇"年轻的"门。这样一路走下去，男人先后推开了九道门，内心不停地在幻想，并且还累得气喘吁吁，最终当他推开最后一道门时，门上又写着一行字：您还是到天上去找吧！

虽是笑话，但是也说明了一个道理，他所追求的东西是错误的，人间根本不存在，即便把自己累得气喘吁吁也无法达到目的。芸芸众生中，有多少人何尝不是像这个年轻人一样，因为执着于去追求一些错误的东西，才让自己的心灵多了些额外的负累呢？

如果你现在明白了这一点，就要勇于放弃一些负累你心灵的东西，这样你的人生才会获得真正的快乐。

心智才是生命的本态

哲学家说："一个人的内心净化了，他的生命便也净化了。"这就是说，心智才是生命的本态，一个人保持快乐的心境，比拥有家财万贯要有福气得多。

然而，在生活中，很多人贪念太多，在不知不觉中迷失了方向，一心去追求外在的物质，忽视了内心的感受，直到临终时才后悔莫及。

从前，有一个富有的人，他一生娶了四位夫人，他最宠爱他的四夫人，终日与她恩恩爱爱，从来不离不弃；其次疼爱的是三夫人，因为三夫人很有魅力；再者就是二夫人，因为当初在贫困的时候，与二夫人很是恩爱，但是到了富贵后就将之淡忘了。富人最不关心的是他的原配夫人，他对这位夫人从未重视过，只让其在家做家务，像仆人一样要求她干粗活。

后来这位富人得了不治之症。临终前，他将四位夫人叫到身边，说道："四夫人，我平常最疼爱你，时刻也离不开你，现在我已活不多久了，我死了以后太孤单了，财产妻儿虽多，但是我只想带你走，你陪我一起死，好吗？"

四夫人听到此话，面容顿时失色，惊叫道："你怎么能这样想？你年纪大了，要死是当然的，可我还年轻，你死后，我还要好好地活下去呢！"

富人听到这话，深深地叹了一口气，就又把三夫人叫过来，仍照对四夫人说过的话向她提出要求。

三夫人一听，吓得身体直发抖，连忙道："这怎么可能呢？我还年轻，我不想这么早就随你去，我还想嫁人幸福地生活下去呢！"

富人又深深地叹了一口气，摆摆手，命三夫人退去。将二夫人叫过来，希望二夫人能陪他一起死。

二夫人听罢，连忙摆手道："不可！不可！我怎么能陪你去死呢？四夫人与三夫人平时什么事情都不肯做，而我必须得管理家中的事情，所以不能陪你死。不过，你死后，我会把你送到坟场的！"

富人听到此，难过得眼泪掉了下来，没想到自己平生最爱的几位夫人，却对自己这样。

最后，他又将平时最不关心的大夫人叫到跟前，对他说："我生前冷落你，真是对不起你，但现在我一个人死去，在黄泉路上太孤单了，你肯陪我一起去吗？"

大夫人听此，并没惊慌，反而很庄重地答道："嫁夫随夫，现在你要去世了，做妻子的如何能活下去呢，不如与你一同死的好！"

"你愿意陪我一起死？"富人十分惊讶，但也十分感慨，他说道，"唉！早知你对我如此忠心，我也不会时常冷落你了。我平日里对四夫人、三夫人爱护得比自己的命还重要，对二夫人也不薄，但是到今天，她们却忘恩负义，当我死的时候，还如此狠心。想不到平时我没能重视你，你反倒愿意同我一起死去。"富人说完，就与大夫人一同死去了。

这是一个极为精彩、有意义的故事，故事中的四夫人，就如同我们外在的身体。在生活中，我们都喜欢把自己打扮得漂漂亮亮的，到死的时候才知道漂亮的外面终究是一场空。要改嫁的三夫人，就好比人一生为之追求的财富，生前拥有再多的财富，到最终也带不走，终究是要留给活着的人的。二夫人就是我们在穷困时才能想起的亲戚和朋友，他们由于还有太多的尘事未了，在你临终的时候，只会去送你一程。而平时从未重视过的大夫人，实则就是指我们的内心，到生命的尽头也只有它才能跟着我们走进坟墓。由此可知，自己的内心才是生命的本态，它才是我们生命中最为珍贵的东西。

可惜，生活中多数人总是一味地为一些身外之物而奔波，全然忽略了内心的真正欲求。等到人之将死的时候，才明白自己生前所追求的东西终究都是一场空，只有自己的内心才最忠实于自己的生命，只有内心的感受才是我们最应该在乎和把握的。

一个穷小子爱上了一位姑娘，两人结婚后，生活虽然不富裕，但生活得十分幸福。

有一天，这位姑娘认识了一位非常富有的年轻人，这个年轻人的甜言蜜语使她心动了。后来这位富有的年轻人对她说："我们俩这样偷偷摸摸很不自由，不如干脆离开家乡，到新的地方去建立属于我们自己的家！"

女人听了对方的话觉得十分有道理，就趁自己的丈夫外出之时，把家里最值钱的东西拿走，到港口与年轻人会合。年轻人说道："我不想让你跟着我受苦，你先把东西给我，等我到了一个地方安顿好后，再回来接你！"女人就听信了对方的话，把身上所有的财物都给了他，自己又待在原地等待。没想到，一天、两天，一个月过去了，年轻人就这样一去不回来。这个女人在外面又饿又冷，但是又不敢回去。

有一天，她在街上看到一只大狗衔着一只鸟从她面前跑过去，那只鸟还在奋力挣扎。谁知那只狗跑到水边，看到水中有一条鱼，就将口中的鸟放下，立即去河中咬鱼。结果鱼游走了，鸟也飞走了。

女人看了，忍不住笑说："你这只狗真傻，已有一只这么好的鸟，居然放弃而去咬鱼，结果鸟和鱼都得不到，真是傻啊！"那只大狗突然回头对她说："我的傻，只不过让我挨一顿饿；而你的傻，却误了你一生！"

此时，这愚痴的女人才如梦初醒，懊悔地自语道："我居然为了那种人放弃原本爱我的人，毁了我一生的幸福，这莫不都是自己的贪欲之心害的吗？"

心智才是生命的本态，我们的本心本性就是我们本身受用不尽的财富，听从内心的声音，做顺心的事才能让自己获得永恒的意义。有一段名言这样说："一切众生，从无始劫来，迷己逐物，失于本心，为物所转。"意思是说，芸芸众生，从无限长远的时间以来，因为迷失了本心本性，所以只能被外在的事物劳累地牵着鼻子走。他们一味地追求金钱、物质和名誉，在滚滚红尘中，最终也会越发地迷失自己。所以，在生活中，我们一定要抵制住外界的各种诱惑，化解自己的各种贪欲之心，才不至于使自己因一时的迷失而招来无尽的烦恼与折磨。

心虚意净，明心见性——"不识庐山真面目，只缘身在此山中。"很多时候，你自己的迷悟只在于你自己的一时贪念。所以，你要时时警告自己，从更高的层次去审视与认识自己。因为只有意念清纯，心中才能够更为清明，只要你时时能够解开执着与情感的系缚，就能够发现心灵深处的真我，最终才能让生命获得永恒的意义。

无欲无求 + 顺其自然 = 幸福

小时候我们经常因为无意间得到一团廉价的棉花糖而兴高采烈，而如今我们得到一大包的金丝猴奶糖心中未必会感到快乐；小时候我们因为在小河中无意间看到一条小鱼而感到满足和幸福，而如今我们到大型的海洋馆中观赏海豚表演也不一定会感到快乐……于是，人们不禁会问：幸福是什么，幸福在哪里？然后，苦苦追寻问题的答案。

其实，幸福无须我们去苦苦追寻，它便可以触手可及。我们不幸福，是因为内心的欲望在作祟。幸福很多时候完全是一种内心的感受，如果我们将欲望的门槛降得低一点，顺其自然，把握自己所拥有的，幸福自然就会来临。

有一个外国商人，他坐船到了西班牙海边的一个渔村。他在码头上看见了一个西班牙渔夫从海里划着一艘小船靠岸，船上有好几尾大鱼。外国商人对渔夫能抓到这么高档的鱼表示赞叹。然后问他："您每天要花多少时间就可以抓到这么多鱼？"渔夫说："一会儿工夫就抓到了。我不用费多大力气。"

商人说："为什么你不再多抓一会儿，这样你就可以抓到更多的鱼了。"西班牙渔夫觉得不以为然，他说："这些鱼已经够我一家人一天的生活了，我为什么要抓那么多呢？"

商人又问："那么你只是花一小会儿的时间抓这些鱼，剩下的时间你怎么打发呢?"渔夫说："我每天的事情很多啊，我睡到自然醒，然后出海抓几条鱼，回去和孩子们玩一玩，再睡个午觉。黄昏的时候到村子里找几个朋友喝点酒，再弹会儿吉他。这日子也很充实。"

商人听了摇了摇头，并且帮他出主意："我可是美国著名大学的博士，我给你出一个主意你可以挣大钱。你应该多花一些时间去抓鱼，然后攒钱买条大些的船。到时候你就可以抓更多的鱼，再买渔船，到时候你就可以拥有一个渔船队。你直接把鱼卖给工厂，这样可以挣更多的钱。然后你还可以开一家罐头厂。这样你就可以离开渔村，到城市里去做有钱人。"

渔夫问："我要达到这些目标需要花多少年的时间呢?"

商人说："大概 15 年到 20 年。"

渔夫问："然后呢?"

商人说："然后? 然后你就会更加有钱，你可以挣好几个亿呢!"

渔夫问："再然后呢?"

商人说："那你就可以退休了，你可以搬到海边的小渔村去住，享受清新的空气，每天睡到自然醒，然后出海抓几条鱼，回去和孩子们玩一玩，再睡个午觉。黄昏的时候到村子里找几个朋友喝点酒，再弹会儿吉他。"

渔夫听完，非常不解，他说："难道我现在的生活不就是这个样子吗?那为什么我还要花那么多的时间去折腾自己呢?"商人最终无话可说。

终点又回到了起点，看似有些可笑滑稽，可是，也向我们阐述了这样一个道理，那就是人应该力求顺其自然，活得简单一些，这样可以使幸福持续得更为长久。你可以仔细想一下：其实人生的最终追求不外乎如此，如果你感到此刻的自己是幸福的，又何必还去苦苦奢求那些劳累人心的妄想？幸福并不像富翁所说的那样，拥有多么丰富的物质，幸福是一种无欲无求、健康平和、顺其自然的心态。朱元璋在晚年，虽然锦衣玉食，享尽人间富贵，却远没有少年时每餐只吃一种食物来得幸福。所以，我们在生活中就应该懂得知足，少一些欲望，这样，无论在何时何地便可以享受到幸福了。

现代社会，人们往往将自己的生活方式规定得太过烦琐，女士要用高级的包包，要用名贵香水，要穿高档服装……男士要穿名牌，要开跑车，要戴高级的手表……孩子要上贵族学校，要用最新款的手机……这些被人们称为"品位"的东西，其实是心灵的一种枷锁。它将人们从幸福的生活中剥离出来，投入生活的固定的程式中成为一个超豪华的奴隶。这样的生活，又哪有快乐和幸福可言？当人们开始沉溺于这种物质生活的品质，忽略了自己内心的愉悦时，就真正与幸福分道扬镳了。所以说，幸福=无欲无求+顺其自然，如果你想得到幸福，就该舍弃那些该舍弃的枷锁了。

当然了，这里所说的无欲无求并不是什么事情都不做，而是说人只有做到不刻意追求自己的欲望，本本分分地活着，每天保持一颗平常心，并且微笑着面对每一天。

内心知足，生活常乐

"知足常乐"语出《老子·俭欲》："罪莫大于可欲，祸莫大于不知足；咎莫大于欲得。故知足之足，常足。"意思是说，最大的罪恶没有大过于放纵欲望的了，最大的祸患没有大过于不知满足的了；最大的过失也没有大过于贪得无厌的了。所以，内心知道满足的人，永远会感到快乐。

我们知道，羁绊心灵的是内心的欲望，因为欲望得不到满足，所以才有了不快乐。如果人们知足于当下所拥有的，就等于削减了内心的欲望。但是，生活中并不是每个人都懂得这个道理，他们总是得到一些之后，还想得到更多，最终让自己失去快乐。

从前有一位国王，拥有荣华富贵，照理，他应该满足，应该过得快乐，但事实是他内心过得并不快乐。国王自己也十分纳闷，为什么他对自己的生活还十分不满意，为什么不能快乐起来呢？

有一天，国王很早就起床了，他随意在王宫四处转悠。国王无意间走到御膳房时，听到里面一个厨子在快乐地哼着小曲，脸上洋溢着幸福的表情。

国王甚是奇怪，问那个厨子为何如此快乐？厨子答道："我家里有一间草屋，肚子里不缺暖食，家里有贤惠的妻子和可爱的儿子，这样美满的生活，你说我能不快乐吗？"

听到这里，国王就明白了。随后，国王就与朝中的宰相讨论这个厨子的快乐，宰相说："陛下，我认为这个厨子还没有成为'99一族'。"

国王惊讶地问道："何谓'99一族'呢？"

宰相答道："您只要做这样一件事情就可以确切地明白什么是'99一族'了。准备一个包袱，在里面放进去99枚金币，然后把这个包袱放在那个厨子的家门口，您很快就可以明白一切了。"

国王按照宰相所言，命人将一个装有99枚金币的包袱放在那个快乐的厨子家门口。厨子回家的时候，就发现了门前的包袱，好奇地把包袱打开，先是惊诧，然后狂喜：金币！怎么这么多金币！厨子将包袱里的金币全部倒出来，查点了3遍，都是99枚。他心中开始纳闷：没理由只有这99枚啊？哪有人会只装99枚啊？那一枚掉到哪里去了呢？于是他就开始到处寻找，找遍了整个院子也没有找到，心情沮丧到了极点。

于是，他决定从明天起，加倍努力工作，争取早一天挣回那一枚金币。晚上由于找那枚金币太辛苦，第二天早上便起来得有点晚，情绪也坏到了极点，就对妻子与孩子大吼大叫，不停地责骂他们没有及时把他叫醒，影响了早日挣回那一枚金币的梦想。

从那以后，他每天匆匆忙忙地来到御膳房，为了多挣钱。也不像以前那么兴高采烈地哼小曲吹口哨了，平时只是埋头拼命地干活，一点儿也没有注意到国王正在悄悄地观察他。

国王看到原本快乐的厨子心情变得如此沮丧，十分不解，就问宰相："他已经得到那么多金币，应该比以前更快乐才对，可为何反而不快乐？"

宰相对国王说："陛下，您现在看到的厨子就是'99一族'中的成员了。他们拥有很多，但是从来不懂得满足，他们只是拼命地工作，只为了额外地得到那个'1'，为了尽早实现那个'100'。原本快乐、轻松的生活，只因为忽然出现了能够凑足 100 的可能性，就变得不快乐了。他们竭尽全力去追求那个毫无任何意义的'1'，不惜付出失去快乐的代价，这就是'99 一族'的人。"

厨子的经历告诉我们："知足者贫穷亦乐，不知足者富贵亦忧"的道理。所以，快乐是与富贵、贫穷无关的，关键取决于我们内心是否满足。

真正的快乐不是拥有得多，而是内心的欲求少。我们活着就应该知足，当你早上醒来时，如果发现自己还能顺畅地呼吸，那么这就说明你比在这一周离开人世的人更有福气；如果你从未经历过战争的危险、被囚禁的孤寂、受折磨的痛苦和忍饥挨饿的难受……你已经好过世界上 5 亿人；如果你的冰箱里有食物，有屋栖身，你已经比世界上 70% 的人更富有；如果你积极地去握一个人的手，拥抱他，或者只是在他的肩膀上拍一下……那么，你真的很幸福，因为你现在所做的，已经等同上帝才能做到的。就像歌中唱的那样"想想疾病苦，无病既是福；想想饥寒苦，温饱既是福；想想生活苦，达观既是福；想想乱世苦，平安既是福；想想牢狱苦，安分既是福；莫羡人家生活好，还有人家比我差；莫叹自己命运薄，还有他人比我厄……"如果这样，我们就应该对现有的收获加倍珍惜，对目前的成果尽情享受，这样才能让自己获得永恒的快乐。

当然了，我们所说的"知足常乐"并不是一种不思进取的处世态度，用现代经济学的观点来说，"知足常乐"是指在有限资源与无穷欲望之间找出一个平衡点，并努力将这种平衡状态维持下去的生活态度。用现代心理学解释，所谓"知足常乐"，就是尽量使自身的承受能力与需求保持相对平衡稳定的一种状态，它是一种积极的生活态度，是一种智慧的处世方式。

随着现代生活节奏的加快，在各种压力不断增加的今天，聪明的处世方式应该为：相对的知足，绝对的追求。知足常乐，其实就是要求人们对当下生命的肯定，去满足于当下的获得与快乐，心中有了满足感，快乐也就临了。

适时放弃，远离喧嚣

快节奏的生活让现代人疲于奔命，人们越来越多地感到了沉重的压力，过于喧嚣和浮躁的现代社会，使许多人在这忙碌的世界上奔波，总是一往直前，毫不停留，就连吃饭也是不知其味地匆匆填饱肚子，结果却是心累体衰，没有时间充分品味生活的美好和芬芳，最终留下生命的遗憾。终日忙碌的人们已经快要忘记生活的真正意义，现代的人太应该学会轻松地生活了。

现实生活中总是有着太多的诱惑，如果你不能以宁静的心灵去面对，就会感到心力交瘁或迷惘躁动。所以，懂得在恰当的时候作出选择，懂得适时地有所放弃，这正是人们获得内心平静的好方法。

在远离城市喧嚣的僻静处有一条老街，街上有一家铁匠铺，里面住着一位老铁匠。因为现代已没有人再需要打制的铁器，于是，他便改卖铁制的生活用品，比如铁锅、斧头等。

与别的商家不同的是老铁匠还保留着很原始的经营方式。他坐在铁门内，货物摆在门外，不吆喝，不还价，晚上也不收摊。老人过着与世无争的悠闲生活，他手里常常拿着一个半导体，身旁是一把紫砂壶。老人不在乎生意好坏，他老了，挣的钱够自己喝茶和吃饭就行了，他很满足。

有一天，一个经营古董的商人从这里经过，他不经意间看到老铁匠身边的紫砂壶，只看那把壶古朴雅致，紫黑如墨，颇有清代制壶名家风格。于是，商人走过去，拿起那把壶仔细端详起来。在这把紫砂壶的壶嘴外果然有一记印章，还真是这位名家的！能在这个小巷子找到如此珍贵的古董，商人惊喜不已。

商人没有丝毫犹豫，他找到老铁匠，说愿意出 10 万元买下这把壶。老铁匠听到这个数字先是一惊，随后马上拒绝了，因为这把壶是他爷爷留下来的，他们祖孙三代打铁时都喝这把壶里的水。

壶虽然没有卖成，但商人走后，老铁匠有生以来第一次失眠了。他没有想到原本自己眼中的普通茶壶，竟然这么值钱，他的内心有些不平静了。商人的出价还是打破了老人平静的生活，原来他躺在椅子上喝水，都是闭着眼睛把壶放在小桌上，现在他总要坐起来再看一眼，这让他感觉心很累。尤其让他不能容忍的是，当周围的人知道他有一把价值连城的茶壶后，门槛都快被踏破了，有的问还有没有其他的宝贝，有的甚至开始向他借钱。还有更过分的，大晚上来推他的门。就这样，一把壶将老人的生活彻底搅乱了。

过了一段时间，商人再次带着 20 万元现金登门，老铁匠再也坐不住了。这一次他下了决心，他招来左右店铺的人和前后邻居，拿起一把斧头，当众把那把紫砂壶砸了个粉碎。

在现实社会中，太多的物质、功利在现实中困扰着人们，使人们在生活中感觉很累，而更多的是心累。所以，果断放弃那些不属于自己的东西，不追求过多的物质的东西，抛弃那些浮华和虚荣，欣然面对清贫，欣然面对平凡的日子，心灵自然会放松，就会享受到轻松生活的美妙和芬芳。

现实中，人们常常会因为不舍得放弃而失去更重要的东西。面对诸多不可为之事，勇于放弃，是明智的选择。面对一些该舍弃的东西时，只有毫不犹豫地放弃，才能重新轻松投入新生活，才能让自己的内心获得平静。

飞速行驶的列车上，一位老人不小心将刚买的新鞋从窗口掉下去一只，周围的旅客无不为之惋惜，不料老人毅然把剩下的一只也扔了下去。众人大惑不解，老人却从容一笑："鞋无论多么昂贵，剩下一只对我来说就没有什么意义了。把它扔下去，就可能让拾到的人得到一双新鞋，说不定他还能穿呢！"

老人在丢了一只鞋后，毅然丢下另一只鞋，这便是成熟而理智的表现。一般来说，人们总会不自觉地因为得到而飘飘然，因为失去而凄凄然。老人却以从容的达观之态，超越于世人之上。的确，与其抱残守缺，不如舍去，或许会给别人带来幸福，同时也使自己心情舒畅。老人这种舍得的做法令人顿生敬意，也值得我们深思。

在这个竞争激烈的现代社会，人们习惯了追赶，习惯了只争朝夕，总以为稍一懈怠，就会被社会的大浪潮所淘汰。但是，就当人人都去拼命向前奔跑的时候，却失去了平和从容的心态和宁静的生活。

其实，在人生中，每一个人都躲不开压力、烦恼和忧虑，但只要我们学着豁达些，宽容些，从容些，轻松的生活就会与我们相伴。

第二辑

你之所以烦恼，是因为计较太多

生活中的许多烦恼都是因为内心过于计较产生的，如果我们能勇于放下过多的计较，以宽容的心态去面对一切，才能告别琐碎与平庸，才能不去钻牛角尖，才能不为了面子而耿耿于怀，才能不将那些微不足道的鸡毛蒜皮的小事放在心上，才能笑看名与利、得与失。

不计较，就是给自己的心灵上了一道防护线，使自己不主动去制造烦恼。即便真是听到一些负面的信息，遇到一些不愉快的事情，也会泰然处之，不会因一时的损失而不知所措。

不被流言所左右

俗话说："哪个人前不说人，谁人背后无人说。"人活于世，身后难免会有是非流言，也难免会被别人议论，甚至被误解。在这样的情况下，很多人都可能会伤心、难过，情绪难免会被流言所左右。其实，只要你能冷静下来想一想，这是大可不必的，因为所谓的"流言"只不过是你耳边的一阵风而已，在它产生的一瞬间便已经没有对错之分，如果你与其较劲，就是在拿别人的错误惩罚自己。

这个世界上，每个人都活在别人的视线之中。别人对你的言行举止做出的评判，完全只是别人的看法，如果你因为别人的不真实的看法或评价去改变自己的行为，是再愚蠢不过的行为。所以，当我们在生活中听到有关自己的"是非流言"时，只要将其搁置一旁不予理睬，一段时间后它便会烟消云散，因为"是非止于智者"，流言是经不起推敲的。

林达是上海一家广告公司的职员，她与同事丽娜是好朋友。丽娜比她早一年进公司，所以，刚开始林达就受到了丽娜的照顾。林达每当遇到难缠的客户，丽娜都会主动帮她搞定。当林达业绩不好的时候，丽娜还会与她一起做她的case。当她遇到困难的时候，丽娜也会主动去帮她解决。在与丽娜一年多的相处和合作中，她们成了无话不谈的闺中密友。

后来，林达凭借自己在业务上的成就，做到了销售部管理者的职位，但是，正在自己欣喜的时候，她却收到了来自好朋友丽娜的意外之"礼"。

那一次，林达与丽娜共同负责一个来自国外客户的关于新产品市场推广方面的新闻发布会，因为事前林达对客户提供的新产品的资料做了详尽的了解，她提出的一个推广方案就得到了客户的赞赏，客户要求要与她单独见面。当时，林达也能感到丽娜的尴尬，想去安慰她。但是她后来又想，她们之间的亲密关系，丽娜应该是不会介意的。

但是，第二天上班后，林达听到所有的同事都在小心地议论她。后来，她才得知是自己的好朋友丽娜散布的谣言，说自己昨天与客户在酒店交谈彻夜不归。看到同事们都用异样的眼光看自己，林达感到十分揪心。随后，这件事就成为其他同事茶余饭后的谈资……林达当时感到受屈辱，痛苦极了。

但是她又相信：是非止于智者，清者自清，浊者自浊，时间会证明一切。随后一段时间，大家也都觉得丽娜所说之事经不起推敲，也就没人再提起此事了。

林达在无意之中被卷入了"是非"之中，但是她不予理会，最终谣言也不辩而散了。所以，在生活中，我们也要相信"是非止于智者，清者自清，浊者自浊"的道理，将谣言搁置一边不予理睬，这样才不至于让谣言扰乱我们的正常工作和生活，最终也能让自己获得内心的平静。

很多时候，流言只是一些无聊的人在无聊的生活之余的谈资而已，本身并没有什么恶意。对于这些随口而出的评价，我们也完全可以置之不理，即便是偶然从他们身边路过听到，也可以一笑了之，没有必要将之放在心上。

而一些带有攻击性的恶意的流言，大多是在人们不平衡的心理作用下产生的。对于这样的流言，我们更应该一笑了之。因为别人忌妒你，说明你比对方优秀，一个优秀的人是没有必要与一个不如自己的人计较的。再者，这些带有攻击性的恶意的流言，是对方故意让你伤心难过的，如果你真的为此而伤心、难过，岂不是正中了对方的下怀？为此，对于一些恶意的流言，我们也完全可以置之不理。但是，对于一些子虚乌有，且已经对自身的名誉造成了重大损害的流言，我们则可以考虑以法律的形式加以追究，即便是借助法律武器，也没必要有太大的心理压力，因为一切都是人之常情而已。

另外，如果真的是自己的言行有失，也应该及时注意并加以改正，将之看作一个完善自身的机会，切不可为此而陷入极大的精神压力之中。

同时，如果你是个胆小懦弱、害怕"众口铄金"的人，要想自己不为流言所左右，最好是谨言慎行。如果你是个开朗乐观的人，就没必要在这种事情上浪费自己的时间了。因为你的人生是属于自己的，跟别人又有什么关系呢？要知道，每个生命个体从本质上来说，都是独立的。

总之，路是你自己的，人生也是你自己的，没必要太去在乎别人的看法。任何人的看法与建议都不能从实质上改变什么。真正懂得对自己好的人，是能正视流言、有所取舍的人，这样的人才能更为真实、快乐和惬意地活着。

世界上没有绝对的公平

在生活中，多数人都认为公平合理是天经地义的准则之一，所以，我们经常会抱怨："这是不公平的！"或者"我没有得到这些，你也没有理由去得到！"我们事事都想追求公平合理，但是当稍有不公平的事发生时，心中就会产生矛盾，就会愤愤不平，感到自己受到了极大的委屈，内心也无法平静下来。应该说，追求公平是正确的，但是因为受到一些不公平的对待或者遇到不公平的事情，就产生消极的情绪，这就需要你注意了。

事实上，世界上没有百分之百的公平，所谓的绝对的公平，是你内心的一种非理性的想法。

一位怀才不遇的青年人向一位智者哭诉自己的经历，抱怨说这世道真是太不公平了！

智者听了，笑着对他说："什么是公平呢？你把这两个字写下来让我看看。"青年就随手在纸上写下了"公平"两个字并递给智者。

智者接过纸张笑容可掬地说道："你看，这两个字一个用四画就写完了，一个却用了五画，这公平的笔画本身就是不公平的，怎么说'公平'是公平的呢？"

这个世界上是没有绝对的公平的，你所要寻找的公平就如同寻找神话传说中的仙境、宝物一样，永远也不可能找得到。因为这个世界本不是根据公平的原则创造出来的。比如，鲨鱼吃小鱼，对小鱼来说是不公平的；小鱼吃小虾，对小虾来说是不公平的；小虾吃浮游生物……只要你看一下大自然一个个的食物链就可以知道，处于顶端的是食肉类的猛兽，处于底部的都是毫无侵略性的生物或者是微生物，对于那些注定要被吃掉的生物，你能用公平或者不公平来评价吗？世界上没有百分之百的公平。在生活中，有的人天生长得漂亮、聪明、健壮，而有的人天生就残疾，你说这公平吗？

公平是我们每个人追求的目标，但是总是会出现许多不公平的事情，这并非是人类的一种悲哀，而是世界本有的一种状态，一种真实的情况。其实，我们每天生活在不公平之中，每天不可避免地都要受到各种各样的不公平的对待，如果你一味地追求百分之百的公平，只会导致个人心理上的失衡，使自己变得焦躁不安，烦恼不已。与其在焦躁、烦恼中度过，不如及早认清现实，放下过多的计较，让自己快乐起来。

同时，当你满腹牢骚地抱怨"不公"的时候，你是否反问过自己"自己真的是最好的吗？""自己真做得够完美吗？"如果你肯时刻这样想，就可以平衡自己的心态，让自己从烦恼中解脱出来。

有这样一个故事：

一个自以为极有才华的秀才，因为一直得不到重用，所以，他经常愁肠百结，异常苦闷。

有一天，他就大声地质问上帝："命运为什么对我如此不公？我并不比那些当官的差，可偏偏为什么我却不能得到重用？"

上帝听了此话后就沉默不语，只是捡起了一颗不起眼的小石子，并把它扔到乱石堆中。

上帝说："你试着把我刚才扔掉的那颗石子找出来。"秀才翻遍了所有的乱石堆，却没找到。这时候，上帝又拿出一块金子，然后以同样的方式扔到了那堆乱石堆中。结果，这一次，秀才却很快就找出了那块金子——那块金光闪闪的金子。

上帝虽然没有说什么，但是那位秀才却顿时醒悟了：当前的自己还只不过是一颗石子而已，如果自己真是一块金灿灿的金子，就没有理由再抱怨命运的不公平。

在生活中，很多人就是这样，在不公平面前只是一味地抱怨。殊不知，很多时候，原因全出于我们自己。所以，我们在埋怨的时候，首先要静下心来反思一下自己，问题是否出在自己的身上。同时，我们也要勇于放下过多的计较，以一颗平常心去对待这些不公，这是人生的一种境界。

不必凡事都要争个明白

世间的许多问题本身都是没有明确的答案的，所以，凡事没必要都非要去争个明白。否则，只会让自己的内心受累，甚至会为此付出巨大的代价。

在意大利卡塔尼山的叙拉古郊外有一块墓碑，墓碑上刻着一个这样的故事：

一个名叫托比的人从雅典去叙拉古游学，经过卡塔尼山时，发现了一只老虎。进城后，他对城里的人说："卡塔尼山上有一只老虎。"但是，却没有人相信他，因为自古没有一个人在卡塔尼山上见过老虎。而托比则坚持说自己确实见到了老虎，并且是一只非常雄壮的老虎。可是无论他怎么说，就是没人相信他。最后，托比只好说，那我带你们去看，如果见到了真正的老虎，你们就会相信的。托比当时为了证实自己，就带着城里的几个人上了山。

但是，托比带着几个人把整个山都转遍了，却连老虎的毛都没有发现。托比的内心异常焦虑，他非要这件事情让大家明白。但是又因为找不到老虎，所以，他到城里后逢人就说自己没有撒谎，说他确实在山上见到了老虎。城里的人不仅不相信他，而且还说他是个疯子。托比内心还是异常地难受，为了证实自己确实看到了老虎，他就亲自去买了一支猎枪来到卡塔尼山。他非要找到那只老虎，还要把老虎打死，让全城的人都来看一下，证明他自己没有说谎。

3天后，人们在山中发现了一堆破碎的衣服。原来托比在山上寻虎的过程中，不小心被一只大熊给吃掉了。

托比只是为了向众人证实一个小小的事，结果却将自己的性命丢掉了，是得不偿失的。假若他能够及时放弃，敞开心胸，可能就不会上演这幕悲剧了。

人生本来就是真真假假、是是非非的。很多事情本身就是说不清道不明的。如果你非要去与别人争出个对错来，恐怕最终吃亏的必是你自己。在处理人际关系的过程中，也是如此。

平时我们在与周围的人或朋友相处的过程中，总会遇到双方意见不统一的情况。这时候，我们很容易就会因为坚持自己的观点而与对方发生争论。毫无疑问，争论对于认清事物的真相是至关重要的，但是凡事必须争个明白的做法是不可取的。可以试想一下：当你被别人误解，如果你急于去证明自己而反复向对方做出解释，或很有可能会被别人认为是恼羞成怒，结果有可能是越描越黑，不仅没有解决问题，还浪费了时间、精力，同时还影响了你与对方的和谐的关系，无疑是得不偿失的。对于此，最好的解决方法就是，将心胸放宽一些，难得糊涂一回。尤其是对于一些根本无伤大雅的小问题，我们更没有必要非得去与别人较劲，否则就算你能赢得口头上的胜利，却给自己徒增了几分烦恼和忧虑。

肖强是个大才子，不仅能诗善文，而且还善于辩论。拥有如此好的口才，肖强的周围应该有很多朋友才是，但事实却并非如此，主要是因为他是一个爱较真儿的人。

有一次，肖强与几位朋友一同去参加一位朋友的婚礼，本来是很喜庆的场合，肖强却因为司仪的一句话把场面搞得很尴尬。

席间司仪说："在座的朋友都知道，新郎、新娘是名副其实的'青梅竹马'，在这里我给大家解释一下这个成语的来历：相传宋代的时候有个著名的女词人李清照，她与她的丈夫赵明诚自小相爱……"司仪的解释显然是错误的，但是在场的人出于礼貌，谁也没去说破。但是肖强却忍不住大声在台下说道："你说错了，这个成语是李白写的……"顿时，那个司仪脸上红一阵白一阵，但是对方又是个嘴硬的人，接着说："这位先生，您说是李白写的，有什么证据吗？"

肖强得意地说："当然有了，这个成语出自李白的《长干行》……"这样一来，让那个司仪面子尽失，场面顿时也冷清了许多。这时候新郎很不高兴地将他叫到一边说："人家是来帮忙的，你跟人家叫什么劲呀！这是结婚啊！又不是学术辩论会。平时大家都不愿意与你交往，就是这个原因……"

毫无疑问，拥有渊博的知识、出众的口才能够为我们的工作、生活提供有力的保障，但是如果总像肖强那样，经常因为一些无关紧要的事情与别人较真儿，那么这点优点就只会成为你人生的羁绊。所以，遇到此类情况，我们最好糊涂一下，一笑了之。同时，也要以一种包容的心态去面对身边的人与事，放下过多的计较，就会得到快乐和开心。

切莫再去比较了

在日常生活中，我们总是习惯了用比较的眼光来看待事情，比如拥有得多与少、事物的好与坏，等等。当我们与别人比较的时候，就自然会无法对自己已拥有的东西或事物进行欣赏和满足，这样你自然就很难快乐起来。

一个旅游团到一个著名的花城去旅游，在旅途中，大家看到一大片的郁金香花开得正好，有位旅客就情不自禁地赞道："真美呀！还没见过如此漂亮的花呢！"而坐在她旁边的一位旅客说："这有什么，这里的郁金香还不如另外一个花园中的牡丹花好看呢！"这话一出口，车上游客的心中不免就有些黯淡了，好像整个花园中的郁金香就顿时失去了色彩。

郁金香有郁金香的美丽，牡丹也有牡丹的漂亮，两者没有根本的可比之处，只需去欣赏当下的就能享受到快乐和满足，否则，所有的美感就会全部丧失，我们也就错失了当下的快乐和满足，不是吗？

与其去比较，不如换一种想法："这个很好，那里也不错。"都以积极的心态去欣赏当下的美丽，享受自己所拥有的快乐，那么，你的心情将会永远是快乐的。

但是，比较似乎是人的一种普遍的不自觉的心态，只要尝试过一次"更好"的滋味，就想寻求到更多的"更好"，每个人似乎都会不自觉地将眼光盯向别处，体味不到自己眼中风景的美丽，这样也在不自觉之中让自己多了几分烦恼与忧愁。

张欣是位都市白领，与丈夫结婚后用积累了几年的工资买了一套两居室的房子。房子是他们精挑细选后定下来的，两人住进去后感觉十分舒适而且方便，心中十分开心，每天上班脸上都会挂着幸福的微笑。

但是没过多久，她的一位好朋友也买了一套房。装修好后，朋友打电话让张欣到家里参观。朋友的房子地段好，而且房子还很大，里面装修也很高档，张欣从朋友家回来后，脸上再也没有笑容了。她原本的好心情已经被朋友的"更好"的房子给冲击掉了。

这就是比较心理作怪的结果！要知道，别人的房子好，花的钱也会多，付出的辛苦也自然就越多，那就让他"更好"吧！自己不想太累，不想背负太重的经济负担，买一个舒适的就好，自己享受自己当下的惬意生活，有什么好比较的呢？

比较多数情况下都会给自己带来许多阴暗和不愉快的感觉，怀有比较的心理去工作或生活，即便是你再有优势，也难免会使自己心理失衡，也不会有愉快的感觉。比较是十分危险的，会让我们忽略或不满足于自己所拥有的，会让我们错失很多美好的东西；比较会挑拨起我们的野心，也是在诋毁我们自己所做的一切努力，让我们所得的和已经拥有的变得毫无生机和意义……

其实，大部分的人都明白这个道理：我们都是比上不足，比下有余。但是，仍旧还是会忍不住要去与别人比较，处在与人比较后的烦恼中不能醒悟过来：比较物质、比较金钱、比较名利、比较幸福……在物欲高涨中的社会中，比较只会让我们烦恼重重。所以，当我们心情烦躁的时候，请自觉地自问一下：自己是否是正处于比较后不平衡的心理状态下？如果是，请赶紧远离这种比较，因为一旦养成这种习惯，便会随时随地吞噬掉我们的快乐。

哲学家说："人正是因为在人群中习惯了仰视，所以才滋生出许多烦恼来！"在生活中，我们总习惯于拿那些比我们强的人进行攀比，这样就常常会迷失自己，让原有的幸福与自己擦肩而过。反过来，如果我们肯低下头来，与那些不如我们的人相比，肯多去看看那些不幸的人，难道我们不是幸运的吗？人往高处看固然是对的，因为它可以激发我们奋力向前的积极性，但是有时候也要低下头来看看身边不如自己的，这样才能获得满足。

有道是：山外青山楼外楼，比来比去何时休？好只是相对的，谁都可以成就自己的幸福，为何要比来比去，让自己不开心呢？

莫被"鞋里的沙"绊住脚

著名作家肖剑说："很多时候，让我们疲惫的并不是脚下的高山与漫长的旅途，而是自己鞋里的一粒微小的沙砾。"同样，在生活中，影响我们快乐心情的恰恰就是生活中一些非常微小的事情。比如早上你挤公共汽车时，有人不小心踩到了你的脚，心情就会变得异常糟糕；在上班的途中遇到堵车，烦躁随之而来；下班途中，汽车的轮胎突然被放了气……这些小事看似很小，但却足以吞噬我们一时乃至一天的好心情。

赵珊就经常会被一些"小事"绊住脚，特别是最近一周，她甚是感觉"诸事不顺"：在周一上班的路上，因为认错了人而十分尴尬，一天下来都为自己的行为而感到不安；周三的时候，又因为上班迟到而受到领导的批评，心情一天都极其低落；在周五的时候，孩子因为在学校与人打架，而被老师通知到学校一趟……

这样的小事经常发生在赵珊身上，她经常感觉自己太倒霉了，这些小事时常影响着她的心情，脑子中经常绷着一根弦，每天都处于紧张中，但是还是不时会出乱子，自己都觉得快撑不下去了……

这些生活细节显然给赵珊带来了极大的精神压力，严重影响了她的生活。

这些小事情在生活中也是不可避免地会发生的，但是作为一个理智的人，必须要学会控制自己的情绪与行为，尽力敞开心胸，不让自己因为一些小事去抓狂。

两千多年前，雅典的政治家伯利克里就曾经留给人类一句忠言："请注意啊，我们已经将太多的精力纠缠于一些小事情了!"这句话，对于今天的人们来说，仍然很值得品味和借鉴。

对于我们多数人来说，生活都是由无数的小事组合而成的，如果我们过多地拘泥、计较小事，那么，我们的人生也就没有什么意义和乐趣可言了，我们触目所及的必然都是烦恼、痛苦、矛盾与冲突。

现在你可以静下心来想一想：你正在一条街上，恰好被楼上居民随手扔掉的一个果皮砸到了头；你去买菜，有人不小心弄脏了你漂亮的新裙子……此时此刻，如果你不是大事化小，小事化了，不懂得去控制自己的情绪，而是口出污言秽语，或者对别人大发雷霆，就有可能会闹出更大的麻烦或祸端来，等于将自己置于更大的烦恼和痛苦中。

报纸上就有类似的一个这样的故事：

有一位年轻女子与男友一起去看电影，因为人太拥挤，那位女子的脚被后面的一位男士无意间踩了一下，尽管那位男士已经道歉，但那位女子恼羞成怒，仍旧不依不饶，竟然教唆男友用刀将那个人砍伤以解气。结果，男友被判入狱，女子也从此整日以泪洗面。

在小事上过于斤斤计较，是损害人际关系的一大诱因，也是阻碍我们获得快乐和幸福的重要因素。

从医学的观点看，事事计较、精于算计的人，对自己的身体也是极其有害的。比如《红楼梦》里的林黛玉，虽生有闭月羞花的美丽容貌，但是由于总是斤斤计较，患得患失，对别人一句无意的话，她也会辗转反侧，难以入眠，抑郁不已，最终只得落个"红颜薄命"的悲惨结局。再比如，唐代著名诗人李贺。他思路敏捷，才华过人，被人称为"诗鬼"。只可惜他常会因为一些芝麻绿豆大的事情而郁郁寡欢，愁肠百结，到27岁便不留于人世。

古语云："让一让，三尺巷。"对于生活中的小事情，让一让，忍一忍又何妨？人活在世上，理应开朗、豁达，活得超脱一些的，如果你凡事都去斤斤计较，只是在给自己徒增烦恼罢了。

人的精力毕竟是有限的，如果你过于在小事上计较，那么，对人生中的一些大事的注意力与处理能力就必然会淡化，甚至是无暇顾及了，这也就意味着你将会失去更多。所以，我们要学会去勇于放下，"糊涂"地对待一些小事，这样才能让自己收获更多重要的东西。

吃亏并不意味着失去

生活中很多的不快乐是因为自己吃了亏，认为"吃亏"就意味着"失去"，认为吃亏是一种极其愚蠢的行为。然而，很多时候，我们所吃的一些"亏"只不过是事情的表象而已。有时候，一件看似吃亏的事情，最终往往也会变成对你非常有利的事情。

董艳刚从学校毕业后就进入出版公司做编辑。刚进单位时，因为是新人，所以经常受别人的指派。有时候会被派到发行部、有时候会被派到业务部帮忙，董艳刚开始心里也很委屈，认为自己是一个编辑，为何天天要像个苦力一样干这种粗活儿，但是，她又无可奈何。

她在发行部帮忙包书、送书；到业务部，又参与各种直销工作，甚至连取稿、跑印刷厂、邮寄等本不属于她分内的工作，都有人让她去做。后来，渐渐地，董艳摸清了出版公司的各个业务的流程，各种工作都得心应手。

两年过后，她凭借自己各方面的实力，成为出版公司的业务精英，薪水也上涨了好几倍，没想到当时吃的"亏"竟让自己占到便宜了。

在生活中，当我们因为吃亏而心生怨恨或烦恼时，应及时改变想法，将吃亏当作一种机会，将它看成是一种快乐的事情，最终你会得到意想不到的收获。

在我们很小的时候，大人们曾告诉我们要懂得计较得失，不能吃亏，吃了亏就会被形容为"傻""笨"。其实不然，吃亏并非一种软弱的表现，而是一种包容的气度，一种福气，一种以退为进的处世方略。所以，当我们吃了亏，一定不要再期待得到回馈，拥有这种心态，就能够永久地保持快乐的心态。

东汉时期，有一个名叫甄宇的在朝官吏，时任当时的太学博士。为人极为忠厚，遇事也很懂得谦让，为此，他每天都乐呵呵的，官吏都愿意与其接近。

有一次，皇上将一群外番进贡的活羊赐给了在朝的官吏，要他们每人分一只领回家。

在分配活羊时，负责分配的官吏则犯了愁：这群羊大小不等，肥瘦又不均，如何分才能让群臣们没有异议呢？

皇上让大臣们献计献策，这些羊到底如何分才算合理。

有的大臣说："可以将羊全部都杀掉，然后肥瘦搭配，人均一份。"也有人说："干脆大家抓阄，抓到哪只是哪只，全凭个人运气。"

就在大家正七嘴八舌争论不休之时，甄宇就站了出来，说："分只羊不是极简单的事情吗？依我看，大家随便牵一只不就可以了吗？"说着，自己便从中牵走了最瘦小的一只。

看到甄宇这样做，其他人也不太好意思专牵最肥壮的，于是，大家都挑最瘦小的羊开始牵。很快，羊被分完了，大家都没有任何怨言。

皇上看到了甄宇如此大度，就当即赐予他"瘦羊博士"的美誉。不久后，在群臣的共同推举下，甄宇又做了太学博士院的最高官员。

从表面上看，甄宇牵走了只瘦小的羊是吃了亏，但是，他却得到了皇上的器重与群臣的拥戴，实则是占到了大便宜。正所谓"吃亏是福"，一些聪明的人遇到事情是不会去斤斤计较的，而是能够成功地运用吃亏的智慧，得到更多的"福分"。

在生活中，有三种人是不肯吃亏的：一种是度量小的人，吃了亏就想不开，茶饭不思，好像被剐了肉一样，最终伤了身体，吃了大亏；第二种是火气太大，吃了亏后随即就开始双脚跳，轻则破口大骂，重则大打出手，将事情弄得不可收拾，吃大亏；还有一种是心眼小的人，吃了亏就要睚眦必报，常常让与其共事的人怨声载道，失去人气，让自己因小失大。以上这三种人因为过分计较得失，最终是都要吃大亏的。所以，如果你是以上三种人中的一种，最好要及时改正自己，在生活中该放的就放下，切莫因精于算计而让自己遭受大损失。

宽容是洗涤烦恼的良药

因为我们太过于计较，所以我们经常不开心。如果我们心存宽容，能够容纳和理解世上的对错、是非，那就自然可以避免许多烦扰，没有烦扰的介入，我们的内心就自然能够获得平静和快乐了。为此，我们可以说，宽容是洗涤烦恼的良药。

在现实生活中，人与人之间难免有碰撞，即便是心地最和善的人，也难免会伤害到他人。如果过于计较，不仅会使自己陷入无尽的烦恼之中，也会置旁人于痛苦之中。所以，我们要以宽容之心多去谅解别人，理解别人。宽容是一种博大的情怀，它能包容人世间的喜怒哀乐；宽容是一种至高的境界，它能使人跃上大方磊落的台阶。只有宽容，才能"愈合"不愉快的创伤；只有宽容，才能消除人为的紧张与痛苦。

有位德高望重的老法师，一日傍晚在禅院中散步。突然看到墙角边有一张椅子，他一看便知道有位出家人违反寺规越墙出去溜达去了。

见到此状，老法师也不作声，悄悄地走到墙边，慢慢地移开椅子，就地蹲下来。一会儿，果真有一个小和尚翻墙而入，黑暗中踩着老法师的肩膀跳进了院子中。当他双脚着地时，才发现刚才自己踏的不是椅子，而是自己的师父。见状，小和尚惊慌失措，张口结舌，想着这下该被赶出寺院了。

但是出乎他意料的是，师父非但没有厉声地责备他，反而以平静的语气说："夜深天凉了，快去多穿一件衣服吧！"小和尚听了很受感动，从此再也不敢违反寺规了。

故事中的老法师发现小和尚违反寺规，如果对其大加斥责，可能就会生出许多烦恼出来，小和尚最终可能也会被赶出寺院，痛苦自然少不了。而他以宽容的心态去处理这件事情，就使双方都少了许多不必要的麻烦。

宽容对于改善人际关系与身心健康都是十分有益的。如果你都以宽容之心去对待你周围的人，就自然会忽略他们在生活、工作、学习过程中的一些过失，能够有效地防止事态扩大而加剧彼此之间的矛盾，避免产生严重的后果。事实证明，不懂得宽容的人，只会使烦恼和痛苦殃及自身。过于苛求别人或苛求自己的人，必定会使自己处于极为紧张的心理状态之中，也不容易感受到快乐。

哲学家说，宽容是一个人的修养和善良的结晶；心理学家则说，宽容是家庭生活的一剂调味品，此言极是。常言道，金无足赤，人无完人。面对别人的错误、过失，聪明的做法就是宽容待之。宽容别人的同时也是在宽容自己，是在解脱自己。倘若人与人之间没有宽容，恐怕我们的生活将会充满仇恨与报复，人们也感受不到幸福的滋味。

一位幸福的老妈妈在其 60 周年金婚纪念日的当天，向前来祝贺的朋友道出了保持幸福婚姻的秘诀。她说："从我结婚的那天起，我就准备列出丈夫的 10 条缺点，为了我们的婚姻能够幸福，我向自己承诺，每当他犯了这 10 条错误中的任何一条，我都会原谅他。"

这时候，人群中则有人问："那你列出的这 10 条错误是什么呢？"

老妈妈听了，笑了笑说："老实告诉你们吧，这 60 年来，我始终没有将这 10 条缺点具体地列出来。每当我丈夫做错了事情，冒犯了我，让我气得直跳脚的时候，我就会马上提醒自己：算他运气好吧，他犯的错误都是我可以原谅他的那 10 条错误中的一条！"

在漫漫人生旅途中，人与人之间都难免会出现矛盾和摩擦，如果我们都能像老妈妈那样，学会去宽容和忍让，你就会发现，幸福和快乐将会时刻围绕着你。

当然了，宽容并不等于纵容，它是建立在自信、助人和有益于社会的基础上的。对于别人的过失，我们在宽容他的同时，如果能以适当的方式给予一定的批评与帮助，便可以避免对方以后犯下更大的错误。

具有宽容的心，意味着你不会再患得患失。我们在学会宽容别人的同时，也要学会宽容自己。当自己有了过失，亦不必灰心丧气，一蹶不振，也不必为之痛苦，只要能从中汲取教训，便可以重新扬起工作和生活的风帆。只有宽容地对待自己，才可以让自己心平气和地投入工作和生活之中。

学会宽容不仅有益于身心健康，而且能保持家庭和睦、婚姻美满。因为宽容中包含有理解、同情和谅解，夫妻之间如果没有宽容，再坚固的爱情地基也有动摇的时候。生活需要宽容，欢乐之花离不开宽容的灌溉。学会宽容，人的心胸就会变得开阔。当你被人误解，或者你误解了别人时，宽容会在时间的流逝中抚平一切伤痕，调和一切苦楚。

宽容是大度的弥勒佛，能够包容世间的是是非非，恩恩怨怨。因此，在日常生活中，我们要时刻以宽容的心态去面对一切，这样才能征服一切，才能收获内心的宁静和快乐。

心有多宽，世界就有多广

在工作、生活中，总会有一些繁杂的、突如其来的事情来不断地扰乱我们的内心，我们在忍受的同时亦在接受着内心的考验：考验我们的心有多么坚韧，胸怀有多么宽广。也许，我们的度量大不到可以撑下船的地步，但是我们可以试着深深地吸一口气，将眼光放得远一点，也许我们就能够看到不同的景象。

有这样一个有意思的故事：

苏东坡有位好朋友——佛印，两人经常在西湖一起参禅悟道。佛印是位老实厚道的人，苏东坡古灵精怪，经常占他的便宜。

有一次，苏东坡就问佛印："佛印，你看我像什么呢？"佛印老老实实地睁开眼睛，说："我看你像一尊佛。"苏东坡说："你知道我看你像什么吗？你往那儿一坐，就像一堆牛粪！"说完他就开始哈哈大笑起来，而佛印只是闭着眼睛，并没有搭理他。

晚上回到家中，苏东坡就很得意地把这件事告诉了自己的妹妹。妹妹听完后，就冷笑着说："哥哥呀，就你这样的悟性还配去参禅呀？参禅讲的是见心见性，心中有，眼中才有。佛印说你像尊佛，说明他心中真有尊佛，正因为如此，他才对你的无理不争不怒。你看他像堆牛粪，你自己想想你心中有什么吧？"苏东坡听罢妹妹之言，惭愧得无语。

我们所看到的外在世界，都是内心的一种折射，你所看见的，必定也是你心中所有的，心灵怎样，所表现出来的状态也就会是什么样子。所以，在生活中，当我们无力去反驳别人对我们的指责的时候，当我们面对上司的无理要求而反抗无效的时候，当遇到形形色色的不公的待遇无能为力的时候，还是把眼光放远一点吧。没必要让这些厌恶的情绪持续地影响我们的心境，并适时地告诉自己：他们的计较是因为他们心中只能装得下眼前这些厌恶，而我们的内心应该装得下过去、现在和未来。所以，我们也没有必要与他们一般见识。

其实，人与人之间原本是没多大区别，只是因为各自心中的世界不同，而造成截然不同的人生结局罢了。

有时候，我们也会抱怨世界不够大，施展个人才华的舞台也不够大。其实，世界与舞台的大小都源自我们的内心。有一句话说得好："心有多大，舞台就有多大。"要成就梦想，只有扩大自己的心灵空间，做到心胸宽广、眼界高远，才能得到最大的成功。

一位著名音乐家初到美国时，是靠街头卖艺生存下去的。当时与他在一起卖艺的还有一个黑人琴手，当时他们配合得相当好。后来，这位音乐家因为不甘心，就努力地想改变自己的生活，他边卖艺边进修，后来经过努力终于考上了理想中的大学。10年以后，他已经是国际上知名的音乐家了。

有一次，音乐家发现当初与自己一起卖艺的那位黑人琴手还在街头拉琴，就走过去主动问候。那位黑人琴手一看到他，开口便问道："嘿！伙计，你现在在哪个地区拉琴呢？"

很显然，由于内心的想法不同，眼界不同，他们已不再是同一个世界中的人！所以说，什么样的心态就能产生什么样的结果，心有多宽敞，你周围的世界就会有多大。

在美国的一所著名大学，一位哲学家曾让他的学生做过一个这样的实验：他拿出一张 A4 的白纸举在同学们的面前，并集中注意力地盯着这张纸，请周围的同学告诉他，他们看到了什么？

有的同学说："我看到的只是一张白纸。"有的同学说："我什么也没看见。"有的同学却说："我看不到尽头。"

最后，这位哲学家就对第三类同学投去了赞扬的目光，并说："我比较欣赏这些同学的眼光，因为他们的目光不只是盯在一张纸上，他们能超越出事物的本身，想到未来。这样的人，眼界往往比较高远，心胸也更为宽广，也容易使人生更为辉煌。"

人们常用"世界有多大，心就有多大"来夸耀那些有远大志向的人，但是如果我们能将这句话颠倒一下，改为"心有多大，世界才有多大"，你也能从中发现人生的另一种道理。

认识到这些，我们再回首一下自己走过的路，就会发现，当初让我们都觉得天都要塌的许多困难，在现在看来只不过是一些鸡毛蒜皮的小事而已；当初那些让人感到快要窒息的斥责，现在看来也显得极为可笑了；过去那些令自己万分痛苦的事情，现在也只是供自己茶余饭后闲聊的一个话题罢了……一切的一切不都过去了吗？再痛苦、再不幸也只是生命的一个过去而已，只要把心灵放大一些，不要将那些不快留在我们的眼前与心中，一切都会成为永远的过去。

所以，不要太去计较眼前的一些痛苦和烦恼，那只会缩小我们的内心，心小了，如何能装得下未来的大千世界呢？

多一些大度，少一些计较

与人交往很难做到完美，人与人之间的关系总是很难把握的，总是有不尽如人意的时候。这个时候我们就要学会大度，学会大气，学会宽容，学会豁达。大度是一种睿智的人生态度，它教会人们学会隐忍，学会堂堂正正做人，坦坦荡荡做事。只有大度的人才不会在意一城一池的得失，才能赢得人心。

大度又是一种风度。大度的人愿意听取别人的观点，愿意采纳正确的意见，能够谦卑地与人交往。但是大度的境界需要用德行去修养，用智慧去创造，大度的人往往拥有美好的心境，拥有君子般的风度，能够更为融洽地与人交往。

商店里的丽莎小姐好不容易才找到一份在高级珠宝店当售货员的工作，她十分珍惜这份工作，干起来也很认真。在圣诞节的前一天，有一位30多岁的顾客进了店里。他的穿着非常干净，看上去十分有修养。但是从他的面容上却让人感觉到他是个遭受了失业打击的人。这时，店里的职员都出去了，只剩下丽莎一个人。

丽莎热情地向他打招呼："您好，先生，您想要些什么?"这个男子不自然地笑了一下，他不好意思地说："小姐，我随便看看。"然后他的目光从丽莎的脸上慌忙躲闪开，就在店里转着看。

这时，电话铃响了，丽莎就去接电话。她一不小心，将摆在柜台上的盘子打翻了。盘子里有6只精美昂贵的金耳环。丽莎慌忙去捡，可是她只捡到了5只，她反反复复地找，怎么也找不到第6只。当她抬起头的时候她刚好看到男子向门外走去，她一下子反应过来那第6只耳环在哪里。

就在男子将要走到门口的时候，丽莎轻声地叫道："先生，请等一下。"

男子转过身来，两个人相互对视着，丽莎的心跳得十分厉害，她不知道该怎么办，万一她要是喊叫的话，这个男子对她动粗该怎么办。他会不会伤害她?

"什么事?"男子开口问她。

丽莎控制住自己的情绪，终于鼓起勇气，对他说："先生，今天是我第一天上班，您知道，我找这份工作有多么不容易，您能不能……"

男子的目光极不自然，他看了丽莎很长时间。丽莎的表情非常诚恳，过了很久，男子的脸上浮现了一丝微笑，丽莎也舒了一口气，对着他也微笑起来。两人这时就像两个朋友一样，男子对她说："是的，工作不好找。但是我能肯定，你一定会在这里继续干下去，并且还会做得很出色。"

停了一下，男子又说："我可以为你祝福吗？"他把手伸向她，他们相互紧紧握完手，然后男子轻松地走出了商店。

丽莎小姐看着他走出店门之后，转身走向柜台，把手中的第6只耳环放回原处。她真庆幸一切都过去了，她在心里为那个男子祝福。

理解和大度能打动人心，聪明善良的丽莎小姐找到了解决问题最好的方式，就是大度和善良。她设身处地地为男子着想，化解了尴尬，让男子从容地将东西放回原处，达到了完美的效果。我们可以想象：两人若是发生冲突，将会出现怎样的后果？所以，大度为人，那么别人就会靠近你的身边，彼此可以进行心灵上的交流，一切就会变得和睦起来。

要大度，首先要学会为人着想，学会从对方的立场上来看问题，这样自己的观点也会更加客观，态度也会更加冷静。如果每个人都能够以大度的心态去对待别人，那么生活就会过得极为美妙与融洽。大度为人是一种较高的素质也是一种情操。大度并不意味着怯懦和胆怯，而是一种开怀处世的心态。大度的人是健康乐观的人，这种人会用博大的心胸原谅身边人的一些小的过失，从而使自己获得心灵上的解脱。

有一位妇人远离家乡来到美国，她在美国开了家小店卖蔬菜。由于她的菜十分新鲜价钱又公道，所以她的生意特别好。这就让其他摊位的小贩十分不满。大家经常在扫地的时候有意无意地都把垃圾扫到她的店门口。但是这位妇人十分大度，她并没有计较，反而每次都把垃圾扫到角落堆起来，然后把店门口清扫得干干净净。

她的旁边有一个卖菜的墨西哥妇人观察了她很多天，最后她终于忍不住了，便问她："大家都把垃圾扫到你的门口，你为什么不生气呢？"妇人笑着说："在我们国家，过年的时候大家都会把垃圾往家里面扫。因为垃圾就代表财富，垃圾越多就代表你来年会赚很多的钱。现在每天都有人把垃圾送到我这里来，我感激还来不及呢！这就代表我的财运会一直很好。我怎么舍得拒绝呢？"

　　墨西哥妇人听了之后就把这些话传到各个小贩的耳朵里，从此以后，再也没有垃圾出现在妇人的门口。

　　妇人将诅咒化为祝福的智慧令人惊叹，但是更重要的是她的大度和与人为善。她宽恕了别人，同时也为自己创造了一个和善的环境，和气生财就是这个道理，所以她的生意才会越做越好。倘若她采取消极的方式去对待，试想一个外乡人又怎么能斗得过这些本地人呢？针锋相对的后果只能让事情变得更加糟糕。所以说，大度为人，少一些计较，会让事情变得好起来，也会让人与人之间的关系更为融洽。

　　有的人在你辛勤播种的时候袖手旁观，但是在你收获的时候却毫无愧色地来分享你的果实，遇到这种人，就要学会大度，你做出一点牺牲但是却成全了别人的欲望，总比到最后两者相争要好得多。心胸狭窄的人总是抱怨不休，纵使他有天大的本事也难以有所建树。做个大度的人，你就会发现天地如此广阔。不要在彼此摩擦中浪费时间和生命，天地很大，比天大的是人的心胸。每个人都大度一些，生活就会变得和谐而美好。

第三辑

你之所以失落，是因为空念太多

　　漫漫人生路上的时光仅仅只有三天：昨天、今天、明天。昨天早已过眼云烟，一去不复返，再如何悔恨也无济于事，所以我们不必为过去的痛苦而失去现在的心情；明天会怎样还是个未知数，可望而不可即，再怎么忧虑、惶惶不可终日，也不过是自己的空念。只有今天，今天的心、今天的事与今天的人，是实实在在摆在我们面前的，也只有认真过好现在的时光，抓住现在的快乐，才能够收获快乐的人生。

执着于空想是一种负担

　　一个人若执着于空想，只是在给自己的思想增加负担，也只是在白白浪费自己宝贵的时间。生活中我们会听到很多人这样说：我不是不想成功，而是我还没有考虑好，还不知道自己到底做什么而已。那你什么时候才能考虑好呢？要知道，你身边的一切皆来自真真实实的生活，一味地空想，只会把事情复杂化，让你越来越不敢去面对现实的压力，这样不仅只是在给自己的思想增加负担，而且最终也不会取得成功。

有一个年轻人，每天都想着怎样一举成名，想了很多方法，但是从来没有认真做过一件事。他只是执着于每天的空想之中，两年过去了，还是一点成效也没有。为此，他非常烦恼，也极为焦虑。

有一天，他在散步的时候，偶然间遇到了一位名扬天下的智慧大师，于是，他便急忙高兴地走向前，请教他是如何成名的。

他问智慧大师说："我每天都在想如何成名，想了许多的方法，但是两年过去了为何一点成效也没有？"智慧大师了解了他的心理，就问他："你是否真的很想出名？"

"对啊！我连做梦都在想，我什么时候才能像您一样出名呢？"年轻人忙不迭地回答。

"等你死后，你很快就会出名了。"智慧大师不慌不忙地说。

"为什么我要等到死了以后才会出名呀？"年轻人吃惊地问道。

智慧大师就告诉他："因为你一直想拥有一座高楼，可是从没有动手去建造这座高楼。所以，你一辈子都生活在空想之中，等你死后，人们就会经常提起你，以告诫那些只会做白日梦、不肯动手去做事的人，如此一来，你就成名了。"

空想与目标的距离有时仅一步之遥，如果只执着于空想，会让你的心灵永远被烦恼所缠绕。是的，有梦想但仅仅只执着于空想的阶段，永远也达不到你想要的结果，只会徒劳地给自己的思想增加无谓的痛苦。

要想让自己的心灵不再烦恼，要想让梦想变为现实，唯有立马去行动，将你的想法变成切实的行动，这是解救自己的唯一方法。

杨波是被公认的有才华之人，但是他重点大学毕业已经四五年了，还没有做出任何成绩。看着自己周围的朋友、同学，有的已经做了主任，有些已经创业成功成为老板，自己就不免感到有些怅然若失。

　　原来，杨波是典型的爱幻想者，他有很多的梦想，每次与朋友、同学见面后都激情飞扬地大谈自己的理想，但是他从来没有付出过任何行动，即便付诸了行动，也因为遇到挫折马上中断了。他永远是想得多做得少，总是将实现梦想的过程想得太过于艰辛，方方面面都想得很是仔细，各种风险都能预见到，畏首畏尾，最终也不了了之，行动还没开始已经把自己吓倒了。为此，他自己也痛苦至极。

　　他的好朋友赫雷见他如此，就劝解他要大胆地去做，不要被无谓的空想吓倒了。最终，杨波也清楚地认识到了自己的致命弱点，就立即辞了自己稳定的工作，风风火火地创办了自己的公司，3个月后，业务已经开展得相当不错，让周围的朋友对他刮目相看。

　　在一次接受记者采访时，他这样说道："过去只是活在空想的世界中，把所有的事情都想复杂化了，其实真正付诸行动后，才知道很多事情并没有自己想的那样复杂……繁杂的思想有时候真的可以成为你成功道路上的阻碍！"

　　是的，繁杂的思想在很多时候可以成为你成功道路上的最大阻碍，所以，要达成目标，你必须切实地摒弃它们，只有将你的身心置于切实的行动之中，你的思想才不容易被一些繁杂的事情所缠绕。

　　我们每个人都有过空想，适度的空想对人是有一定积极作用的，但如果你一直执着于空想之中，就会被空想所累。所以，当我们的心灵被空想的烦恼盘踞的时候，一定要行动起来，行动是治疗空想烦恼的最好良药，也是实现个人目标的必经之路。你时刻要清楚地知道，不管你的梦想有多么美好，它只是一个梦；只有行动起来，把它变成真实存在的，才是可以拥有的。

没有值得你忧虑的事情

世界上的万物都是过眼云烟，我们无须为所有无价值的东西去忧虑，活在现在，寻求现在的快乐才是生命永恒的真谛。但是，现实生活中，很多人却不懂得这个道理，整日让无谓的忧虑去缠绕自己的内心。

夜很深了，一位富商不停地在床上翻来覆去，他的妻子就劝慰道："睡吧，别胡思乱想了。"

"噢，老婆啊，"富商说，"在几个月之前、一个月前我向邻居借了一笔钱，明天就是还钱的日子了。但是你也知道，我们现在哪有钱啊！你也知道，借给我们钱的那些邻居们简直比蝎子还狠毒，我要是还不上钱，他们绝对是饶不了我的。你说现在我还能睡得着吗？"

妻子看他焦虑的样子，试图想让他放宽心，劝道："睡吧，你这样忧虑，明天就能够把钱还上吗？不会！你这样不是在折磨你自己吗？"

"不行呀，从哪里弄来钱呢？真是没有一点办法啦！"丈夫大声地喊叫着。

见到丈夫还是不听劝，妻子终于忍耐不住了，她起身爬上房顶，对着邻居家高声地喊叫道："你们知道，我丈夫欠你们的债务明天就到期了。现在我告诉你们：我丈夫现在没有钱还债！"然后就跑到卧室，对丈夫说："这回睡不着觉的应该是他们了。"

富商为明天的债务产生的忧虑，邻居为明天富商还不上债务所产生的忧虑，其实都是不必要的。我们可以试想一下：他们这样忧虑能改变明天的任何状况吗？不能！正如富商妻子所说，为明天的事务所忧虑纯粹是在折磨自己。

在日常生活中，你是否也有过类似富商一样的经历：夜很深了，你的心中总是缠绕着无尽的忧虑，似乎全世界的重担都压在你的肩膀上。如何才能赚更多的钱？怎样才能得到一份薪水更高的工作？如何才能拥有属于自己的一套住房？如何才能获得上司的信任与好感？如何做才能搞好与同事们之间的关系？……你脑中有如此一串串的烦恼、难题与亟待要做的事在那里滚转翻腾！你开始意识到，真该休息了，不然明天又该迟到，这个月的奖金又没了……开始有意识地控制自己，但是最终这些一串串的思绪还是东飘西荡地翻滚起来：明天的粮食会不会涨价？明天上班该穿哪一件衣服？你这一夜仿佛真的无法入睡了！

其实你能够睡得着的，只要你采用一种极为简单的方法，对自己说："不要怕，一切由它去吧""一切都会好起来的"等此类的话，说上几遍，每说一次做一次深呼吸，然后放松！对自己说的同时，心里也要这样想，将心中的恐惧、烦恼、仇恨、不安全感、内疚、悔恨与罪恶感从心中腾空，这样才能获得内心的平静。心灵上获得了平静，也就意味着人体会到了生命的真谛。

当然了，我们说不要为未来忧虑，并非说全然地不为未来考虑。这就需要我们分清楚忧虑与计划的区别，虽然二者都是对未来的一种考虑。但是计划是明天的行动指南，有助于你更有规律地实现未来的活动，而忧虑则是你对未来可能发生的事情而忧心忡忡，不知所措，才是忧虑，它是一种消极的情绪，它也不会为未来的事情产生积极的效果，只会浪费自己现在的宝贵时光，正因为如此，我们要尽力地摒除它。

最后，要记住一点，世上没有任何事情是值得你忧虑的，绝对没有！你可以让自己的一生都在对未来的忧虑中度过，但是你要知道，无论你多么忧虑，甚至抑郁而死，那也无法改变现实。

烦恼和快乐都由心而生

在生活中，面对同样的事，为什么有的人很快乐，而有的人却充满烦恼呢？这主要是由人的内心决定的。哲学家说："你的快乐与你的悲伤都是由心而生的，它不会受外界的任何理由所影响！"同样的事物，由于人的心态不同，其结果也是不同的。

任何的烦恼和快乐都是由你的内心决定的，你如果用悲观的心态看待事物，最终得到的也只是烦恼和痛苦；而你用乐观的心态看待事物，就能够得到快乐和满足。

年迈的约翰·艾弗里有两个可爱的儿子，大儿子杰西平时就十分悲观，总是很沮丧的样子；二儿子亚德却十分积极乐观，每天都乐呵呵的。所以，约翰·艾弗里平时为了能让杰西快乐起来，就对他十分偏爱。

在圣诞节来临前，约翰·艾弗里分别送给他们两个人完全不同的礼物，在夜里悄悄地把这些礼物挂在圣诞树上。第二天早晨，兄弟俩都起来了，想看看圣诞老人给自己的究竟是什么礼物。哥哥杰西的礼物很多，有一把气枪，有一双羊皮手套，还有一辆崭新的自行车和一颗漂亮的足球。哥哥将自己的礼物一件一件地取下来，但是他内心却并不高兴，反而忧心忡忡的。

父亲见状，就问他："这些礼物你都不喜欢吗？"杰西拿起气枪说："看吧，如果我拿这支气枪出去玩，说不定会打碎邻居家的玻璃，这样一定会招来一顿责骂；这一双羊皮手套很暖和，但是说不定我戴着出去会挂到树枝上，这样一定会生出许多烦恼；还有，这辆自行车，我骑出去倒是能玩得高兴，但说不定会撞到树干上，会因此而受伤；而这颗足球，我终究是要把它踢爆的。"父亲听到此，没有说话就出去了。

刚出门就看到他的小儿子亚德除了收到一个纸包外，什么也没有。但是，当他把纸包打开后，不禁哈哈大笑起来，一边笑，一边在屋子里到处寻找着什么。父亲问他："你为什么这样高兴？"他说："我的圣诞礼物是一包马粪，一定会有一匹小马驹就在我们家里。"最后，亚德果然在屋后找到了一匹小马驹，很是兴奋地跳起来。随后，父亲也跟着笑起来："真是一个快乐的圣诞节啊！"

其实，在工作和生活当中，许许多多的事情都是这样，乐观的情绪总会给人带来快乐的、明亮的结果，而悲观的心理则不管他得到什么，都不会快乐，而这一切都是由个人的内心决定的。所以，悲观是自己酿造的苦酒，怨不得周围的任何人与事；快乐也来自我们的内心，它并不是非要借助于外物就能够得到的。

同样地，在现实的生活中，我们内心的许多忧虑往往并不是起源于外界的危险信号，而是源于我们内心的非理性想法。我们总是担心疾病、担心车祸、担心失业，但是实际上这些都只是我们内心的想象而已。在这背后，隐藏着你这样的一个想法："生活必须是平安的，并且要按照我希望的方式进行，而不要有太多的麻烦和困难，如果不是这样，我可就无法忍受了。"你要知道，你这样去烦恼，是个能改变任何事实的。

　　快乐也是一天，悲伤也是一天，与其烦恼地过，不如快乐地活。而快乐与悲伤都是由我们内心所生，我们要想获得快乐，就应该尽早地摒除内心的烦恼和痛苦，把内心的阴郁的情绪打扫干净，让自己快快乐乐地过完当下的时光。

理性地面对现实世界

　　在生活中，我们会为现实的一切而莫名地担忧，担忧灾难，担忧人生路上的困难……实际上你所担忧的这些都是你内心的想象而已。因为你总是希望自己能够一帆风顺地度过此生，所以，你总会担心未来是否会发生一些意想不到的灾难，你才对明天不知道会发生什么而感到恐惧。但是，你要知道，这个世界不是伊甸园，生活本来就是十分严酷的，它更不是一潭死水，困难与挫折虽然为我们的人生增加了变数，但是也为人生增添了无数的色彩。如果你能够理性地看待你周围的生活的话，如果你能够接受人生本来就充满了无数的磨难这个事实，那么你就可能不会对未来的现实而过分地担忧。

是的，现实生活并不如我们所想象的那么美丽，灾难、战乱、环境危机都是我们必须要面对的问题。与此同时，我们还应该知道，这些问题从人类社会出现起就已经切实地存在了，并且我们可以见到的未来也不可能会消失掉，我们过分地为这些担忧，根本不能改变什么，唯一能做的就是努力用自己的智慧与双手去应对与改进那些我们不愿意看到的事情。如果我们每个人都愿意为此努力的话，世界将会变得更为美好。

事实上，我们今天已经比我们祖先那时要进步、文明得多，这是我们努力的结果。可是，如果我们仅仅为世上发生的苦难哀叹不已，只是抱怨"这真是太糟糕了，我该怎么办呢"，那么，你眼前的世界可能只会变得更糟。

请记住，对现实世界的善意的关切是健康的，并且也是有益的，因为它可以促进你做一些有实际意义的工作，会促进你对改进我们的世界作出一些有意义的贡献。但是过度地关切则是不符合理性的，因为它会带给你焦虑和沮丧，进而也会使你丧失改变现实的信心，你的悲观失望只是让这个世界多了一个有着消极心理疾病的病人而已。

另外，在很多时候，你心中的任何"困难"，最为可怕的并不在于困难本身，而在于你将它的严重性做了过分的扩大，并且最终被困难所吓倒。

罗斯福在担任美国总统期间，西方世界陷入了一次有史以来十分严重的一次经济危机，美国也受到了前所未有的经济困难。美国社会经济萧条，在街上随处涌动着失业人群，股市的崩盘也使许多原本富有的人在一夜之间变得一无所有……整个社会最终陷入极为严重的恐慌之中。在这样的局面下，罗斯福说了一句至理名言："恐惧最可怕的地方并不是恐惧本身，而是我们内心对恐惧的扩大化。"

他发表的著名的"炉边夜话"，帮助人们稳定情绪，平息内心的恐惧起到了十分重要的作用。当内部的恐慌平息后，罗斯福顺利实施了"新政"，最终带领人们走出了困难。

要明白，人类社会从远古发展到今天，是经历了无数次的考验的，遇到了一次又一次的战争、瘟疫和饥荒，但是最终人们还是用勇气和智慧战胜了它们。同样地，一个人的发展也是如此，人生从来都不会是一帆风顺的，任何人的人生都会充满挫折与磨难，这是无可避免的。在很多时候，你的所谓的"可怕"，追根究底，也只不过是自己的想象力在作祟罢了，任何人都不会比你幸运，你也不会比别人更不幸，你当前过分对未发生的事情担心，只会把你宝贵的当前白白地浪费掉。

在一座山上，有两块形状相同的大石头。它们一同在山上待着，但是3年后，两块石头的命运却发生了截然不同的变化，一块石头脱胎换骨，成为一尊受万人敬仰和膜拜的佛像；而另一块石头则是每天伫立在路上，受到万人的践踏。

对此，那块受人践踏的石头心中十分不满，就问："老兄呀，3年前，咱们还同为一座大山的石头，今天为何会有如此大的差距呢？"

另一块石头回答道："老兄，你难道忘记了吗？在3年前，有一位雕刻师来到我们这里，我们俩都请求他把我们雕刻成艺术品，但是当他刚在你身上动了3刀，你怕痛不让他动你了。而我那时候却只想着自己未来的模样，所以也不在乎刻在身上一刀刀的痛，就坚强地忍耐下来了。为此，我们的命运就发生了改变，我忍受了千刀万剐之苦最终却成了一尊受人敬仰的佛像，而你却因为忍受不了雕刻之苦，成了废石，人们便把你铺在了通往庙宇的路上。"

同样的石头，一块愿意忍受苦难，最终成为受人敬仰的佛像；一块忍受不了痛苦，最终只能成为受众人践踏的普通石头。同样地，一个人要想获得发展，要做出一些成绩，必然是要经历一些磨难，除非你想一生都一事无成，碌碌无为。为此，我们也要对自己的人生有个理性的认识，学会保持一份平和的心态，坦然地去面对人生之路上的痛苦，坦然地面对生活与未来，这样一些过分的、毫无必要的忧虑就会远离你。

同时，你还要明白"祸兮福之所倚，福兮祸之所伏"的道理，你所期望的幸运之中可能暗藏玄机，你所遭受的逆境中也可能存在幸运，你无须过分地为未来的不幸和挫折所担忧，也许你所担心的灾难之中蕴藏着意想不到的幸运。总之，只要你能以一颗淡然的心态，以积极乐观的心态去面对眼前的一切，那么你的收获才会多于损失，幸福才会大于烦恼，人生才能拥有真正的快乐。

不要透支明天的烦恼

哈里伯顿说："怀着忧愁上床，就是背负着包袱睡觉。"可是，许多人心里都潜藏着一只名字叫作"烦恼"的小蚂蚁，常常出来吃掉自己难得的快乐。

有位小和尚，每天早上的主要任务就是到寺庙中清扫落叶。在冷飕飕的清晨起床扫落叶确实是一件极为辛苦的事情，尤其在每年的秋冬之际，只要一起风，树叶就会随风飞舞落下。小和尚每天早上起来，都需要将大部分的时间花在清扫落叶上，这令他头痛不已。

他其实一直都在想办法，想让自己轻松些。后来，一位老和尚就告诉他说："想省些力还不简单，只在明天打扫之前先用力摇树，将落叶统统摇下来后，后天就可以不用那么辛苦，去花费那么多精力去打扫落叶了。"小和尚觉是这真是个好办法，于是隔天就起了个大早，就使劲地用力猛摇树，他想这样就可以将今天与明天的落叶一起清扫干净了，所以，他一整天都极为开心。

第二天，小和尚起来到院中一看，不禁又傻眼了。院子里如往日一样又是铺满了落叶。最后，寺院的住持走了过来，意味深长地对他说："傻孩子，不管你今天用多大的力气，明天的落叶还是照样会飘下来呀！"

如果总为了明天而烦恼，就会在无形中给心里施加压力，让自己觉得活着步履维艰，人生既辛苦又乏味。话虽如此，可依然有很多人都会像小和尚一样，把大量的时间花费在消沉和抱怨之中，妄想着人生会与真实的有所不同。他们忘了，今天有今天的事情，明天有明天的烦恼，很多事无法提前完成，过早地为将来担忧，于事无补。况且，人们烦恼的事情都不是必需的，它们也许只存在于自我的想象中，并不会真的出现。美国作家布莱克伍德在一篇文章中，写了他在第二次世界大战期间的一段亲身经历。

40多岁的布莱克伍德，因为战争的到来，众多烦恼也一并而来。他所创办的商业学校，因为男孩子都入伍作战去了，而面临严重的财务危机；他的儿子在军中服役，生死未卜；俄克拉荷马市征收土地建造机场，他的房子就位于这片土地上，而他能够得到的赔偿金却只有市价的十分之一；他的大女儿提前一年高中毕业，上大学需要一大笔费用，而这笔钱他还没有筹到。布莱克伍德正坐在办公室里为这些事烦恼，随手拿了一张便条写了下来，苦想对策，但都没有想出好的解决办法。最后，他只好将这张纸条放进了抽屉。

几个月过去了，布莱克伍德已经不记得自己写过这张便条。一年半之后的一天，他在整理资料时，无意中又发现了这张列下摧折他的烦恼事。一边看，他一边又觉得十分有趣，因为那些烦恼和担忧没有一项真正发生过。

他担心商业学校无法办下去，可政府却拨款训练退役军人，他的学校很快就招满了学生；他担心自己的儿子在战争中受伤，可最后他毫发无损地回来了；他担心土地被征收去建机场，可后来因为住房附近发现了油田，他的房子没有被征收；他担心长女的教育经费凑不齐，可他找到了一份兼职稽查工作，解决了这个难题。

最后，布莱克伍德得出了一个结论："其实，99%的预期烦恼是不会发生的，为了不会发生的事饱受煎熬，真是人生的一大悲哀！"

许多烦恼和忧愁都是自己给自己绑的绳索，是对自己心力的无端耗费，这就如同自我设置的虚拟的精神陷阱。怀着忧愁度过每一天，设想自己可能遇到的麻烦，只会徒增烦恼。实际上，等烦恼真的来了，再去考虑也为时不晚，别忘了人们常说的那句话："车到山前必有路，船到桥头自然直。"

今天如同一座独木桥，只能承载今天的重量，假若加上明天的重量，必定轰然倒塌。所以，不要想太多有关未来的事，不要顾虑太多，只要好好地享受、欣赏现在的生活就行了。活着的本分就是做好今天。当事情还没有发生的时候，不必徒然地担忧，就算我们所担忧的事情真的发生了，也可能因为一些其他的事情而改变，让事情朝着好的方向发展。

莫为过去而感到悲伤

过去的事情消失在流逝的时光里，你是再也找不回来了，它仅仅代表你生命中流逝的部分，并不代表现在，更不能代表未来。所以，我们无须沉浸在过去的悲伤里。一位哲人这样说："未来的种子也深埋于过去的时光里，如果你不能正视自己的过去，很难让你的现在和未来开花结果，还可能会导致更多更大的不幸。"

有一位妇人，她在上街的时候，不小心掉了一把雨伞，就因为这一件小事情，她一路上都十分懊恼，还不停地责怪自己，怎么如此不小心。等她回到家之后，才发现，她由于太专注自己已经丢失的那把雨伞，最后在仓促与不安中，一不小心把自己的钱包也弄丢了。

这就是得不偿失，过去的已经过去了，也成为过去时了，已经不能挽回了，所以眼前就应该好好活在当下。要知道，明天又会是全新的一天，过去无法在你的现在里生存。

保罗博士是美国纽约市一所著名中学的教师，他在任教期间发现这样一个问题：班上的有些学生平时看起来很用心，但是却总是考不出好成绩。

为此，他就对这些学生展开了调查，发现这类学生经常会为过去的成绩而感到不安，他们经常生活在过去的阴影里，只要有一次考试失败，他们就会生活在自责之中，以致影响了下一步的学习。有的学生甚至从交完试卷后就开始为自己的成绩忧虑了，总担心自己不能及格。为了开导这类同学，保罗博士给他们上了这样一堂难忘的课。

有一天，保罗博士把这类学生招集到实验室，在给他们讲课的过程中，无意间就把一瓶牛奶放在室验桌上。下面的学生们不明白这瓶牛奶与自己所学的课程到底有什么关系，只是静静地听着他在讲课。忽然，保罗博士站了起来，一巴掌将那瓶牛奶打翻在地上，并大声喊道："不要为打翻的牛奶哭泣！"

课堂上的同学都震惊了，但是保罗博士却叫所有的学生都过来，并围拢到洒满牛奶的地方仔细观察那破碎的瓶子与淌着的牛奶。博士一字一句地说："你们仔细看一下，现在牛奶已经淌光了，无论你再抱怨、再后悔都没有办法去取回一滴。你们要是在事前想一些预防的措施，那瓶牛奶还可以保住，但是现在却晚了。我们现在唯一能做的就是尽快地将它忘记，然后注意下一件事情。我希望你们永远能够记住这个道理！"保罗博士的这些表演，使所有的学生学到了课本上没有的人生道理。

"不要为打翻的牛奶哭泣"，深刻地说明了我们不要沉浸在过去的悲伤里。过去的已经成为历史，你可以设法改变以前所发生事情产生的后果，但不可能改变之前发生的事情。唯一能使过去的事情成为有价值的办法就是，以平静的心态分析当时自己所犯的错误，然后从错误中汲取教训，随后再将这种错误忘掉。过去不能回到现在，为过去哀伤，为过去遗憾，除了劳费我们的心神，分散我们的精力，并没有给我们带来一点好处。

当下的一切是完全可以掌握在你的手中的。有句话说得好，我不能左右天气，但是我可以改变心情；我不能改变容貌，但是我可以展现笑容；我不能控制他人，但是我可以掌握自己；我不能样样胜利，但是我可以事事尽力；我不能决定生命的长度，但是我可以控制生命的宽度；我不能改变过去，但是我可以利用今天。外界的事物左右不了我们什么，重要的是我们当下的心态。

也许很多人会说，过去对我的伤害太大了，我无论如何也忘记不了过去。不，你可以忘记的，只需转变一下当下的心态。你可以静下心来这样想：正是因为过去的不幸，才让自己学会了满足于当下的生活。当时的痛苦都已经承受下来了，难道你还没有勇气去面对当前的生活吗？所以，我们完全可以对过去的任何事情怀一颗感恩的心，这样才能让自己尽快地从昨日的痛苦和烦恼中走出来，世界上没有什么坎儿是过不去的。

"何必眉不开，烦恼无尽时，一切命安排，当下最悠哉。"做人就应该活在当下，只有心存对过去的一份美好的感恩，生活就会过得安然而又超脱，也就到达了人生的另外一种境界。

每一个刹那都是唯一

威廉·格纳斯是一位著名的心理医生，在行医过程中，他接触最多的就是因焦虑和忧愁而生病的人，他们不是为过去烦恼就是为未来忧虑，长期闷闷不乐，毁坏了健康。为了能够更彻底地治疗这些人的病，威廉·格纳斯为他们开了一个极为简单有效的方子：他告诉这些病人，生命的每一个刹那都是唯一，只要尽力地过好生命的每一个刹那就可以了。他的意思是说，只要把今天的事情做好，只要尽力地使当下过得快乐就可以了，无须再为明天或后天的事情担忧。

他说："我们生命的每一个时光都是唯一的，不复返的，所以我们要活在此刻，不要让明天或过去的忧愁将其浪费掉。只要你无限地珍惜此刻和今天，还有什么事情值得我们去担心的呢？每天只要活到就寝的时间就够了，不知抗拒烦恼的人总是要英年早逝。"

的确如此，如果我们每天都处于忧虑之中，身体早晚会被过去与未来的事情所拖累。

过一天算一天，如果我们将自己的精力用来更多地关注眼下的时光与日子，将日子分成一小段一小段，所有的事情可能就会变得容易得多。如果我们只生活在生命的每一片刻，就会没有时间去后悔，没有时间去担忧，烦恼也就不存在了。

　　杰西是个聪明的男孩子，半年前，他的外祖母去世了。外祖母在生前极其疼爱他，所以，小家伙很是伤心难过，无法排遣心中的忧伤，每天茶饭不思，更没有心思学习。这种痛苦的状态已经持续了大半年，周围的人都说他是个重感情的好孩子，但是他的父母却极为着急，因为大半年时间里，他不肯好好吃饭，已经严重影响了他的健康。

　　他的父母也不知如何安慰他。有一次，小杰西的外公来到他们家，看到此情形，就决定要和他聊聊天。

　　"你为什么这么伤心呢？"外公问他。

　　"因为外祖母永远离开了我，她再也不会回来了。"他回答。

　　"那你还知道什么永远也不会回来了吗？"外公问道。

　　"嗯……不知道。还有什么会永远不会回来的呢？"他答不上来，反问道。

　　"你所度过的所有的时间，以及时间中的事物，过去了就永远不会回来了。就像你的昨天过去，它就会变成永远的昨天，以后我们也无法再回到昨天弥补什么了；就像你的爸爸以前也和你一样小，如果他在你这么小的时候不愉快地玩耍，不好好学习，牢牢地为未来打好基础，就再也无法回去重新来一回了；也就如今天的太阳即将落下去，如果我们错过了今天的太阳，就再也找不回原来的了……"

　　杰西是个十分聪明的孩子，听了外公的话后，他每天放学回家就会在家中的院子里面看着太阳一寸寸地沉到地平线下面，就知道一天真的就这么过完了，虽然明天还会升起新的太阳，但是永远也不会有今天的太阳了，他懂得不再沉浸于过去的悲伤之中，而是振作起来，好好学习和生活，认真地把握住自己度过的每一个瞬间。

我们生命中的每一个当下都是独一无二的，它既不是过去的延续，也不是未来的承接。时间是由无数个"当下"串联在一起的，每一个瞬间、每一个当下都将是永恒。所以，当我们吃饭的时候，要全然地吃饭，不要管自己在吃什么；当我们玩乐的时候，要全然地玩乐，不管在玩什么；当我们爱上对方的时候，要全然地去爱，不要计较过去，也不要去算计未来。就像《飘》里的女主角郝思嘉一样，在自己烦恼的时刻总是对自己说："现在我不要想这些烦恼的事情，等明天再说，毕竟，明天又是新的一天。"昨天成为过去，明天尚未到来，想那么多干吗，过好此刻才最真实，否则，此刻即将消失的时光，上哪儿去找？

人生，当下亦是真，缘去即为幻。所以，所有生活在烦恼中的朋友都要共勉：眼前的每一瞬间，都要认真地把握；当下的每一件事，都要认真地去做；生命中的每一个人都要认真地对待，别让发生过的或没有发生的占去一瞬永恒的时光，因为"缘去即为幻"，别让自己徒留"为时已晚"的遗恨。逝者不可追，来者犹可待，当下的时光是生命中最为珍贵的时光——生命的意义就是由这每个唯一的刹那构成的。

珍惜当下所拥有的幸福

活在当下，才能享受到真正的幸福，这就是告诉我们不要为已失去的东西而懊悔，也不要为得不到的东西而遗憾，珍惜当下所拥有的才是最重要的。

我们在年轻的时候，总是认为幸福不过是对功名的一种企求，是一种对虚荣的满足，觉得一个人如果能大富大贵，出人头地，就是真正的幸福。但是，有话说："幸福并不是一种傲人的资本，也并非是虚名能够满足的，因为幸福并不是以权势的高低、功名的显赫作为标准。真正的幸福就是珍惜你当前所拥有的。"

在很久以前流传着这样一个故事：

从前有一座寺院，在拜佛门前的横梁上有个蜘蛛结了张网，由于每天都受到香火和虔诚的祭拜的熏陶，蜘蛛便有了佛性。经过了五百多年后，蜘蛛的佛性大大地增进了。

这一天，佛陀光临了这座寺庙，趁香火甚旺之时，就问蜘蛛："我们今日相见总算是很有缘，看你在此修炼了这五百多年来，有什么真知灼见。"蜘蛛遇见佛陀很是高兴，连忙答应了。佛陀问道："世间什么才是最珍贵的？"蜘蛛想后，就回答道："世间最珍贵的东西是'得不到'和'已失去'。"佛陀点头后便离开了。

时间一天一天地过去了，这只蜘蛛一直在寺庙的横梁上加强修炼，转眼间又过了五百年，它的佛性大增。一日，佛陀又来到寺前，对蜘蛛说道："你可还好，五百年前那个问题，你可有什么更深的认识吗？"蜘蛛依然认为世间最珍贵的是"得不到"和"已失去"。佛陀摇头走开了，并对蜘蛛说："你的佛性没有进步，并没有达到我想要的境界，以后我还会再来找你的。"

五百年又过去了，有一天，忽然间刮起了大风，风将一滴甘露吹到了蜘蛛身上。蜘蛛望着甘露，见它晶莹透亮，很漂亮，顿生喜爱之意。蜘蛛每天看着甘露很开心，它觉得这是一千五百年来最开心的几天。有一天，大风又刮了起来，不料大风将这滴甘露吹得不见踪影了。

在少了甘露的日子里，蜘蛛感到非常无聊。看到蜘蛛难过的样子，佛陀又问蜘蛛说："世间最珍贵的是什么？"蜘蛛想到了甘露，便对佛陀说："世间最珍贵的是'得不到'和'已失去'。"佛陀说："你还是没有增进悟性，就让你到人间走一趟吧。"

佛陀把蜘蛛投胎到一个做官的家庭，成了一个富家小姐，名唤蛛儿。这时佛陀赐予了她美丽的容貌。一日，新科状元甘鹿中士，皇帝决定在后花园为他举行庆功宴席。来了许多妙龄少女，其中还有蛛儿，席间甘鹿表演诗词歌赋，大献才艺，在席的姑娘们无不被他的容貌所折倒。但蛛儿知道这是佛陀所赐予自己的姻缘。

等过了两天，佛陀便安排他们在寺院见面了。蛛儿与甘鹿便在走廊上聊起了天。那日蛛儿很是开心，但甘鹿并没表现出对她的爱慕。蛛儿对甘鹿说："你不记得16年前在寺庙中的事情了吗？"甘鹿感到很惊奇，说："蛛儿姑娘，你的想象力未免太丰富了吧。"说罢，就离去了。

又过了两天，皇帝下了命令，命甘鹿与长风公主完婚；蛛儿与太子芝草完婚。这一消息对蛛儿来说如同晴天霹雳，她怎么也想不通，佛陀竟然这样对她。几日来，她不吃不喝，生命危在旦夕之时，太子芝草赶来了，对奄奄一息的蛛儿说："那日在后花园中我对你一见钟情，于是就苦苦求父王，他才答应。如果你离我而去了，那我活着还有何意义。"说着就拿起了宝剑自刎。

就在此时，佛陀出现了，对奄奄一息的蛛儿说："你可曾想过，甘露（甘鹿）是风（长风公主）带来的，最后也是风将它带走的。甘鹿是属于长风公主的，他对你不过是生命中的一段插曲。而太子芝草是当年寺庙门前的一棵小草，他看了你一千五百年，喜爱了你一千五百年，可是你从来没有低下头来看一看他。"

"蜘蛛，如果我再问你，世间最珍贵的是什么？"佛陀又将一千五百年前的话题问她。蜘蛛经历了人间大喜大悲后，终于一下子大彻大悟了。她对佛陀说："世间最珍贵的不是'得不到'和'已失去'，而是现在能把握的幸福。"于是，她与太子走上了幸福的道路。

由此可见，我们活得不幸福，是因为我们不懂得珍惜当下我们所拥有的。我们总是想着未来更美好的东西或者只将眼光放在失去的东西上面，而忽视我们当前所拥有的，殊不知，你本身所拥有的东西是你能够真正把握住的，只有认真享受当下所拥有的，才算得上是真正的幸福。

美国著名作家斯宾塞·约翰逊有一本书叫作《礼物》，大概内容是这样的：

一位充满智慧的老人告诉一个孩子，世界上有一个很特别的礼物，它可以让人生充满成功和快乐，而这个礼物只有靠自己的力量才能找到。这个孩子就想，如果找到了这个礼物，这一生就不白活了。于是，他从童年到青年，几乎用尽所有的办法四处找寻，越是拼命地去寻找，越是感到不快乐，而他生命中那个最珍贵的礼物始终都没有出现。到后来，年轻人决定放弃了，不再这样漫无目地寻找下去。到后来，他才赫然发现，那份礼物原来一直在他的身边，这个他生命中最好的礼物——"此刻"。

在生活中，也有多数人一生都在寻觅一些有形的"礼物"，却往往忽略了自己早已经拥有的礼物——无形的"此时此刻"。在这个充满焦虑和烦恼的时代，这份"礼物"更能帮助我们重新发现我们幸福生活的真谛。

天地万物，自然轮回，我们生活在这样一个空间内，必然要遵守生老病死、稍纵即逝的规律。历史不会为我们守候，生命的年轮总是随着日出日落而辉煌、消遁，而幸福的生活就在此刻，只要你能珍惜当下所拥有的，便能享受到生命永恒的快乐。为此，劳累一天，精疲力竭还要加班加点的我们，是否也应该尽快地停下脚步审视一下自己，这样的忙碌是为了什么？我们生活的意义究竟是什么？生命的价值又在哪里？当你的脚步慢下米，也许我们就会幡然醒悟，在当下的这一切，享受当下所拥有的东西，才是上天赐予生命的重要意义。

用行动充实每一个"今天"

要想消除自己内心不必要的忧虑，就要学会好好地利用当下的时光，将所有的行动都付诸"现在"。因为只有"今天"才是你可以把握的，充分利用好"今天"你将会做许多事情，而且还可以做得很好。

在美国有一位老妇人，丈夫在她60岁的时候突然去世了。当她正沉浸在丧夫之痛中时，接下来接二连三的打击更是让她崩溃：首先是她的几个子女为遗产继承问题闹得不可开交，而且相互之间还大打出手。接着是丈夫生前倾尽全力经营的公司宣告破产，为了还债，她不得不卖掉房子以及家中所有值钱的东西。这一系列的不幸，使她早已无法承受，她不知道今后的路自己能否坚持走下去。

于是，她整天郁郁寡欢，不停地在心中念叨着：我已经60岁了，我已经60岁了！谁都清楚，她是在为自己的未来担心。

她想重新到外面找一份工作，但是当这个念头冒出来的时候，她自己都震惊了：谁会雇用一个老妇人呢？即便有人愿意，一个60岁的老妇人能干些什么呢？即便是能做些简单的活，但是谁又能相信她给她提供工作的机会呢？

她不停地担心别人嫌她老，担心别人嫌她动作迟缓，担心自己无法承受别人要求的工作强度……这一系列的担心更让她怀念过去，怀念丈夫在世的岁月。由怀念而生悲痛，又重新陷入丧夫的阴影中不能自拔，久而久之，贫穷、寂寞、疾病等全部都被她请进了门。

她不得不选择住院，医生了解到她的情况后，就对她说："你的病情太严重了，需要长期住院治疗。但是你又没钱……我看这样吧，从现在开始，你可以在本院做零工，以赚取你的医疗费用。"

她就问道："我能够做什么呢？"医生说："你就每天打扫病人的房间吧！"

于是，她就开始手握扫帚，每天不停地忙碌着。慢慢地，她的内心就恢复了平静：反正没有比这更好的活法了，而且就目前的情况来说，自己似乎根本别无选择。她开始不停地忙碌起来，每踏进一间病房，她就开始目睹一次他人的病痛与灾难，心也就开始豁亮一次，因为她觉得自己是所有病人当中情况最好的。渐渐地，她也不再担心什么，因为实在太忙碌了。对她来说，担心反倒成为一种极为奢侈的情绪，因为它需要闲暇。

疾病和寂寞被驱除，剩下的就是要花力气解决贫穷问题了。为此，当医院让她"出院"时，她就恳切地说服院方让她留了下来，她就继续在保洁员的岗位上又做了3年。由于她经常接触病人，她对病人的心理也了如指掌。3年后，她就被院方聘请为心理咨询师。疾病、寂寞早已离她而去，贫穷也开始向她挥手告别，她觉得自己的新的人生要开始了。

在她72岁那年，已经掌控了这家医院的51%的股份。她的办公室的墙上有这么一句话："昨天的痛，已经承受过了，有必要反复去兑现吗？明天的痛，尚未到来，有必要提前结算吗？只要肯用行动充实生命中的每一个'今天'，勇敢向前，机会就在柳暗花明间。"

这段话说得真是太棒了，不管你是哪个年龄段的人，这段话都可以提醒你，让你时刻用行动去解除内心的种种忧虑，着重地过好眼前的每一个"今天"。

如果你懂得珍惜"今天"，而且能用行动让自己置身其中，那么你就会获得非常美好的感觉。忧虑就是放弃现在，放弃今天，为了虚妄的过去与缥缈的未来牺牲了现在的时光，不仅会让你失去了现在的快乐，也会使你永远地失去欢乐。如果说明天是建立在今天的基石上的话，失去了今天，也只会让明天的房子坍塌得更快。到那个时候，你又会为没有为自己做好准备而懊悔。千万别让自己陷入这种糟糕的恶性循环之中。

懂得珍惜今天，并能够充分利用今天的人，就是为自己选择了一个自由的、成功的和充实的人生。美国著名教育家戴尔·卡耐基的作品影响了全世界数以万计的人。他给那些为生活在苦恼的人们制订了一份计划，这份计划的重点就是：用行动去充实每一个"今天"：

"今天我要用行动来提升我的心灵。我要学习，不让心灵空虚。我要阅读有益身心的书籍，提高我的修养。

今天我要做三件事：我要默默地为某个人做一件好事，我还要做一件我以前不愿做的事、一件不敢做的事。做这些事的目的，只是为了锻炼我的勇气和勤勉，让我不致懈怠。

今天我要让自己看起来更美丽。我要穿着得体、举止大方、谈吐优雅。我要多予赞赏，少作批评，不让自己抱怨，不去挑任何人的毛病。

今天我要全心全意地只过好这一天，不去想我整个的人生。一天工作12个小时固然很好，可如果想到一辈子都要这样度过，我自己都会觉得恐怖。

今天我要制订计划。我要计划每小时要做的事。可能不会完全按照计划实现，但我还是要计划，为的是避免仓促和犹豫不决。

今天我要给自己留半个小时的时间静息片刻，让自己思考一下我的人生。

今天我要很开心。只有现在的行动才能给我带来无尽的幸福和快乐。"

为了从此不再让烦恼纠缠自己，请立即行动起来吧，只有让自己切实地行动起来，才能让内心获得平静和充实，才能改变自己，让自己把握机会，看到更为光明的未来。

最美妙的在于过程，而不在结果

著名作家史铁生认为：生命的价值与意义在于"过程"，而不在"结果"。因为人总是要从世界上逝去的，对于逝去的人来说，一切的结果便显得很空虚。什么光荣、富有、博学，等等，这些被人视为"目的"的东西随着人的死亡都将不复存在，都将转化为虚无。史铁生如是说："目的皆是虚无，人生只有一个实在的过程，只有重视了切切实实的过程，生命才能更为厚重，也不至于整天被目的的痛苦所束缚。"

但是，在现实生活中，我们却被生活的一个个的目标逼迫着只会忙着赶路，工作繁重、生活紧张，在做这件事情的时候还会想着还有一大堆的事情在等着自己。于是，烦恼与忧虑接踵而来。但是当我们回首的时候，却突然发现自己匆忙地赶路，却失去了一些最为美好的事情。

有这样一个故事：

父子俩每年都会把家里的粮食、蔬菜装在老旧的牛车上运到家附近的镇子上去卖，儿子是个性子急躁的人，父亲则总认为凡事不必着急，慢些可以享受到赶路过程中的快乐。

这一天清晨，他们又一次赶着旧牛车到镇上去卖粮食、蔬菜。儿子很着急地赶路，于是，他总是用棍子不停地催赶拉车的牛，要它走快些。

"放松点，儿子，"老人依然这样对儿子说，"这样你会活得更为长久一些。"但是儿子却不听，坚持要走快一些，想在傍晚前赶到集市上。

快到中午了，他们来到一间小屋的前面，父亲说他认识屋里的人，要进去与他们打个招呼。儿子却不停地催促父亲赶路，但是父亲却坚持要与好久不见的熟人聊一会儿。

又一次上路了，他们走到了一个岔道口，儿子认为应该走左边近一些的路，但父亲却说右边的路边有漂亮的风景，边走路边欣赏风景不更好？

儿子拗不过父亲，就走上了右边的路，但是儿子却对路边绿油油的牧草地、漂亮的野花和清澈的河流视而不见。父亲却满心喜悦。

最终，他们也没能在傍晚前赶到集市，也只好在一个漂亮的大花园中过夜。父亲睡得鼾声四起，儿子却很是焦虑，担心明天早上还赶不到目的地，于是毫无睡意。

第二天早上，在路上，父亲又不惜浪费时间去帮助路边一位农民将陷入沟中的牛车拉出来，而儿子却十分生气，他一直认为父亲对路边的风景比赚钱更感兴趣，但是父亲却对他说："放松些吧，这样你可以活得精彩一些。"

到了下午，他们才走到一座山上，俯视着山下城镇里的美景。许久之后，两人都一言不发。终于，儿子将手搭在老人的肩膀上说："爸，我终于明白您的意思了。"

在人生的道路上，不管我们走得多快，都无法赶得上正在寻找的东西，因为它永远在前面时间的激流中，与其这样，我们不如用一种恬淡与安适的心境，以及不为压力所动的气度来面对明天。

在很多时候，我们就与这个青年一样，在人生的道路上不断地奔跑，不断地奔着下一个目标不断奋进，于是，我们的生活就被忙碌和烦恼以及一个个的目标所占满，心里、眼里也只剩下这个目标，当我们猛然回头的时候，却发现生命的一个个美妙的过程却被我们白白地浪费掉了。

我们要知道：生活不是比赛，不一定非要去争取拿第一，一切顺其自然，每天活得轻松、快乐一些，只要做好当下的事情就好。

生命的乐趣也绝不在于不断地奔跑，而在于乐于享受恬淡时候的一杯清茶，激动时候的一碗浓烈的酒，在于感受多姿多彩的过程。每天早晨出来呼吸一下新鲜的空气，给自己泡一杯清茶，听一曲优美的曲子，抑或是在休息的时候给朋友送去自己亲手做的糕点，或者是陪着父母一同坐在电视机前说一些琐碎的家常，又或者一家三口一同出去郊游，让心灵获得极大的放松，获得多样的幸福人生……

第四辑

你之所以纠结，是因为犹豫太多

人生最大的痛苦莫过于徘徊在坚持和放弃之间，因为取舍不定，所以心灵会备受煎熬。

其实，对于不属于自己的东西，抓不住的情感，触不到的追求，我们完全可以放手，这样才能让自己从犹豫不决的痛苦中解脱。

放弃和坚持也只在一念之间，果断地作出决定，坚持该坚持的，放弃该放弃的，才能彻底斩断内心的纠结，才会活得更洒脱，重新获得一个全新的自己，找到自己的心灵归宿。

选择越多，内心越痛苦

某位哲学家说过，当生活中有一种选择的时候，我们的内心是平静而快乐的，但是可供选择的事物一旦多了起来，生活便多了许多烦恼。而这些烦恼主要源于人们在众多选择面前患得患失的犹豫心理。

森林中生活着一群猴子，每天当太阳升起时，它们会从洞中爬起来外出觅食，当太阳落山时，它们又会自觉回洞中休息，日子过得极为平静而快乐。

　　一名旅客在游玩的过程中，不小心将手表丢在了森林中。猴子卡卡在外出觅食的过程中捡到了。聪明的卡卡很快就搞清楚了手表的用途，于是，它就自然掌控着整个猴群的作息时间。不久后，它就凭借自己在猴群中的威信，成为猴王。

　　当聪明的卡卡意识到是这只手表给自己带来了机遇与好运后，它每天就利用大部分的时间在森林中寻找，希望自己可以得到更多的手表。功夫不负有心人，聪明的卡卡终于又找到了第二块手表，乃至第三块。

　　但出乎卡卡意料的是，它得到了三块手表反而给自己带来了新的麻烦和痛苦，因为每块手表所显示的时间都不尽相同，卡卡根本不能确定哪块手表上显示的时间是正确的。猴子们也发现，每次来问时间的时候，它总是支支吾吾回答不上来。一段时间后，卡卡在猴群中的威望也大大降低，整个猴群的作息时间也变得一塌糊涂，大家就愤怒地将卡卡推下了猴王的位置……

　　拥有一块手表，可以明确地知道时间，而得到了两块甚至更多块的手表却能让自己迷失时间，给自己带来了无尽的烦恼和痛苦。由此我们可以说，你所得到的越多，痛苦和烦恼就会越多。

　　书上说，上帝因一个简单的心思，只是用简单的泥土，造就了我们，而我们为何要去追求无谓的繁杂，终将自己置于痛苦之中呢？选择越多越痛苦，而这些"更多的选择"却是我们内心不断追求的结果。为此，哲学家说，因为人的欲求不止，所以，生命是一个不断作茧自缚的过程！同样，行为心理学家也指出，与其说人的行为是受一定的原因支配，不如说它更受人生的一系列目标或人生的一系列目的支配。在达成目标的过程中，人总要面对各种各样的选择，不同的选择，所达到的目标结果是不尽相同的，人生也有可能会由选择而发生变化，所以，为了使目标结果更为完美，在选择的过程中，人们必然会仔细斟酌，细心掂量。为此，烦恼就产生了，混乱的生活状态也就开始了。

所以，我们要想从这种混乱、痛苦的状态之中走出来，就要勇于舍弃，让生活归于简单的状态。舍弃那些扰乱我们心智的"更多的选择"，过一种简单的生活。

有一个诗人，为了追求心灵的满足，他不断地从一个地方到另一个地方。他的一生都是在路上、在各种交通工具和旅馆中度过的。当然这也并不是说他自己没有能力为自己买一座房子，这只是他选择的生存方式。

后来，由于他年老体衰，有关部门鉴于他为文化艺术所作的贡献，就给他免费提供一所住宅，但是他拒绝了。理由是他不愿意让自己的生活有太多的"选择"，他不愿意为外在的房子、物质等耗费精力。就这样，这位独行的诗人，在旅馆中和路途中度过了自己的一生。

诗人死后，朋友在为其整理遗物时发现，他一生的物质财富就是一个简单的行囊，行囊里是供写作用的纸笔和简单的衣物；而在精神方面，他给世人留下了十卷极为优美的诗歌与随笔作品。

这位诗人正是勇于舍弃外在的物质享受，选择了一种简约的生活，最终才丰富了精神生活，为人类作出了巨大的贡献。他的人生是一种去繁就简的人生，没有太多不必要的干扰，没有太多欲望的压力，是一种快乐而又纯粹的人生。

正如尼采所说，如果你是幸运的，你必须只选择一个目标，或者选择一种道德而不要贪多，这样你会活得快乐些。正如一个电脑一样，在其系统中安装的应用软件越多，电脑运行的速度就越慢，并且在电脑运行的过程中，还会有大量的垃圾文件、错误信息不断产生，若不及时清理掉，不仅会影响电脑的运行速度，还会造成死机甚至整个系统的瘫痪。所以，必须要定期地删除多余的软件，及时清理掉那些无用的垃圾文件，这样才能保证电脑的正常工作运行。我们要想过一种幸福而快乐的生活，就不能让自己背负太多的选择，学会去繁就简，过一种简单的生活，这样才能不至于使自己在众多的选择面前无所适从。

鱼和熊掌不可兼得

古人说"鱼和熊掌不可兼得"，要想获得快乐，就得抛开烦恼；要想获得长久的自由，就得放弃贪婪和不合理的欲望；要想获得健康的身体，就要舍弃一些休息时间，多运动、锻炼；要想获得事业上的成功，就得经历挫折和痛苦的磨砺……如果想得到其中之一，必然是要舍弃另一个的，否则，如果两者都想拥有，那么，必然会徒生出许多烦恼和痛苦来。

王波是某著名企业的高级管理人员，工作时间已有4年。但是最近他发现自己是越来越厌倦自己的工作了。因为他觉得自己再也承受不了巨大的工作责任与压力了，整天没完没了的电话就让他烦不胜烦。

上周六，王波好不容易抽出时间带家人出去旅游，本想趁这个机会好好地放松一下。结果还没登上飞机就接到了公司打来的两个电话，接下来的3天，他更是频繁地接到电话，那时他真想把手机砸了。就在第4天的时候，公司的一个紧急电话使他10天的旅游计划彻底泡汤了。在无奈之下，他只好再携家人一起回去。

回到公司后，王波就找到自己的上司，神情沮丧地对领导说出自己的压力有多么大，心里有多么烦躁，并且恳请上司给他换一个轻松一点的职位，不然自己可能要崩溃了。领导也从他说话的口气中听出来他所背负的压力是巨大的。于是，没过多久就提拔他到办公室去做自己的业务助理。这个位置只是个闲差，平时没什么大事，只是整理一下客户资料，陪上司出去应酬什么的。其实说白了，就是明升暗降，但是王波却感到轻松了些，所以心中也是十分感激的。

总算可以清闲地安静下来休息一下了，刚开始王波对上司的这个安排十分满意。但是，这种清闲日子没持续几天，一个更为严重的问题又让他陷入了焦虑之中。公司平时重要的会议，他几乎没什么机会去参加。即便是偶尔去了，也会被安排在一个十分不起眼的位置上，没有发言的资格。而在以前的重要会议他总是会被安排在前排发表讲话的。这让王波有了一种莫名的失落感，心里顿时像压了块大石头般难受。

办公室的工作尽管是清闲的，但时间长了，他却感觉越来越乏味。还总会觉得自己没面子，感觉其他的同事在背后会偷偷地议论自己。以前的工作虽忙了些，但是有成就感，而现在整个人就像被废了一样，他感觉自己比以前更加焦虑和心烦了……

王波既想轻松，又想被重用，得了这个又想要那个，这就产生了矛盾，矛盾引发了焦虑。要知道，世界上是不存在十全十美的事物的。事物都是有两面性的，忙碌的背后必定是重用，清闲的背后必然被轻视，王波没有想到这一点，只是在忙碌的时候想到清闲，得到清闲后又想着被重用，因为没有及时舍弃其中之一，痛苦和烦躁自然就会越多。

在很多时候，痛苦多半是自己的心态造成的，因为人们总会更多地去关注自己的所失，而不顾及自己的所得，必然会使人心理失衡，烦恼与痛苦也就如影随形了。

沙漠中有两个旅行者，他们每个人只剩下同样多的半杯水了。

看着杯中的水，一个人说："我只有半杯水了，喝完后该怎么办呢?"心中充满了忧愁。而另一人却说："我还有半杯水呢，在喝这半杯水的时间里，我可能还会找到一杯水呢!"

面对两杯同样多的水，两个人的态度却截然不同。一个人看到了自己的所得，知足常乐，获得了快乐；而另一个人则只看到自己的所失，患得患失，徒增了烦恼。在现实生活中，很多人都是如此，他们只愿得到不愿失去，既想得到好处，又不愿意出力，就这样在犹豫之中，到头来失去了所有，后悔和痛苦的也只有自己。

试想：你想获得成功，但是又害怕经历磨难；你想获得清闲，就辞职在家，但是又会因为无所事事而失落；为了得到高薪，你又找到了一份好工作，但是你又感到压力太大，责任太重……你总是这样患得患失，如何能使自己的内心获得平静、获得快乐呢?

要知道：快乐与痛苦从来都不是孤立地存在的，祸和福永远都是相依相随的，一件事的正面是快乐，背面就必然是痛苦，如果你想得到，就必然要付出一定的代价。认清了这一点，你就要时时刻刻多想想自己的所得，忘却自己的付出或所失，心中的不平衡也自然会消失。

"鱼，我所欲也，熊掌，亦我所欲也；二者不可得兼，舍鱼而取熊掌者也。"几千年前的孟子，就已做出了这样的阐述，这正是人们获得成功、获得快乐的最佳心灵读本。懂得果敢地放弃和义无反顾地选择，这是一种智慧，也只有这样的人，才会活得快乐，活得潇洒，获得心灵上的慰藉。

顾虑越多，前进的步伐就越艰难

在生活中，一个人凡事如果考虑的时间太长，顾虑太多，总是犹豫不决，必然也会使自己背上沉重的心理包袱。

其实，这些焦虑和痛苦无非是源于面临众多选择时所产生的难以割舍的矛盾心理。有选择就有放弃，而放弃是每个人都不愿意做的事情，所以，这些烦恼和痛苦自然就从内心滋生出来了。

张佩是一家著名公司的策划部门的管理人员，平时工作能力很强，也有个幸福的家庭。依她各方面的条件，生活应该过得很快乐才是，但事实并非如此。

原来，张佩在各方面都很出色，唯一令她苦恼的就是她本人在做事情前总是顾虑太多，作任何决定前总会犹豫不决。有时候，虽然自己下了决定，但心中总是不自觉地会放不下，时常会担心自己的决定是否正确。尽管她的同事都说她在各方面已经考虑得很周全了，但是她仍旧还是害怕自己会出错，害怕出错后被别人嘲笑。为此，她经常使自己陷入焦虑与苦恼之中。内心越焦虑越苦恼，在作判断的时候，就越容易出错。

在工作中，一个很简单的策划方案，她也经常会因为犹豫不决，最终错失了方案实施的具体时机，给公司带来损失。犯了错误后，她又会置自己于痛苦之中，就这样导致恶性循环。一年下来，张佩就被降了职。

一个人考虑得越多，心理的折磨就越大，前进的步伐就越艰难。张佩心理上的包袱产生的原因就是她太过于在乎别人对她的评价和看法，也就是说，她太在乎一些东西，太害怕失去，所以才患得患失，以致心理上受到了极大的折磨。

其实，要想得到，必然会失去一些东西。别人的眼光根本不重要，关键是自己怎么看自己，所以，不要给自己头上戴上美丽的大帽子，把自己压得喘不过气来。

人在害怕失去的同时，又期望自己什么都能得到，想要这个，想要那个，所以才会痛苦；因为肩上的东西太多，把已经拥有的抓得太紧，所以才会患得患失。如果什么都想要，最后不仅什么都得不到，还会徒增许多痛苦。

从前，有一个特别优秀的弓箭手，他射出的箭百发百中，从来没有失手过。为此，人们争相传颂他的高超射技，对他也十分敬佩。后来，他的美名也传到了国王的耳朵里。国王就命人将他请到宫中亲自表演，并对他说：

"今天请你来是想请你展示一下你精湛的射技，如果你射中了远处的那个目标，就赐给你万两黄金，如果射不中，就发配你到边疆去充军。"

这位弓箭手听了国王的话，一言不发，神色变得激动起来。他取出一支箭搭上弓弦，但是心中只是想着能否射中，这可关系着自己的命运呀！当开始发箭的那一刻，一向镇定的他呼吸变得急促起来，拉弓的手也开始抖起来，最终箭落在离靶心几尺远的地方。

旁边的一位大臣叹道："看来一个人只有真正地将得失置之度外，才能成为真正的神箭手呀！"

弓箭手之所以没能发挥他真正的射箭水平，就是因为他太在乎自己的得失，内心有太多的顾虑，使自己的心灵背上了沉重的包袱，最终也只能以失败告终。

其实，在现实生活中，人类都在犯着同弓箭手同样的错误。在生活的道路上，我们可能都要面临各种各样的痛苦的选择，就如同掉进深泥潭里一样，当遇到高成本的机会时，每个人都常常无法迅速作出选择，因为他们都不愿意轻易地放弃可能得到的东西。为此，我们可以说，舍弃也是需要胆略和智慧的。只有认准心中的真正目标，勇于将得失置之度外，才能减轻内心的痛苦，也才更容易达到成功的彼岸。

要拿得起，更要放得下

在生活中，不顺心的事十有八九，要想做到事事顺心，那就要勇于放下。但是，在日常生活中，我们很容易拿得起，要想放下却是不容易做到的。拥有得越多，就越难以放下。

在艾尔基尔地区，有一种猴子会经常跑到山下的农田里去祸害庄稼。其实，这些猴子也是为了维持自己的生计才不得已到农田里去偷庄稼的，它们是为了能给自己储备点粮食。

农民们为了保护庄稼，发明了一种特殊的捕捉猴子的方法：将一个细的瓶颈、大口的瓶子容器中放些玉米进去，这些瓶子的颈刚好能让猴子的爪子可以伸进去，但是当猴子一旦手中拿着玉米攥上拳头就出不来了。

利用这个方法，农民们捕到了很多猴子。每晚他们都将这个瓶子放进村口，第二天早晨起来，就能看到一些紧握拳头的猴子在那儿与那个瓶子较劲，但是手不管怎么挣扎就是出不来。其实，如果这些猴子能够放下手中的玉米，是完全可以逃走的，但是，它们因为得到了，却怎么也不肯松手，到最后只有被捕了。

在这里，我们可能会笑猴子的贪婪：只要把手里的东西放下，不就可以全身而退了吗？为什么还死死地抓住不放，让人捉到它呢？其实，在生活中，我们人类何尝又不是如此呢？

在生活中，常常遇到一些不顺心的事，例如，失恋，误解，做错事而受到别人的指责……有些人就会在心里总解不开，放不下，往往会感到很累，无精打采，不堪重负。如果我们能够及时放下，缠绕我们内心的绳索不就自动解开了吗？只有放得下，才能让我们轻装前进，才能"拿"起更多。

泰戈尔说过这样一句话："世界上的事最好就是一笑了之，不必用眼泪冲洗。"人生在世，就要学会放得下。放下失恋的痛楚；放下屈辱留下的仇恨；放下心中所有难言的负荷；放下费尽精力的争吵；放下对权力的角逐；放下对虚名的争夺……放下该放弃的，就会获得另一番风景！

法国哲学家、思想家蒙田说："今天的放弃，正是为了明天的得到。"所以，在生活中，我们只有懂得放得下，才能更好地拿得起。

吉姆·特纳在自己40岁的时候，继承了拥有30多亿美元资产的莱斯勒石油公司。当时，所有人都会认为这位新上任的总裁会在自己的有生之年大干一番，好好地为公司做加法，而吉姆·特纳却并没有如人们想象的那样去卖命。

吉姆·特纳先组建起一个评估团，对公司资产做了全面盘点，然后以50年作基数，在资产总和中先减去自己和全家所需、社会应承担的费用，再减去应付的银行利息、公司刚性支出、生产投资，等等，一切评估做完后，他发现还剩下8000万美元。剩余的钱如何用呢？

他先拿出3000万美元为家乡建起一所大学，余下5000万美元则全部捐给了美国社会福利基金会。人们对他的行为表示了不理解，他却说："这笔钱对我已没有实质意义，用了它就减去了我生命中的负担。"

在公司员工的印象中，吉姆·特纳从来没有愁眉苦脸、唉声叹气的时候。

太平洋海啸，给公司造成 1 亿多美元损失，他在董事会上依然谈笑风生，说："纵然减去 1 亿美元，我还是比你们富有 10 倍，我就有多于你们 10 倍的快乐。"当灾难降临到他的头上，他的一个孩子在车祸中不幸身亡，他说："我有 5 个孩子，减去一个痛苦，我还有 4 个幸福。"

吉姆·特纳活到 85 岁悄然谢世，他在自己的墓碑上留下这样一行字：最令我欣慰的是我能在最后几十年为自己做了人生减法！

吉姆·特纳正是因为勇于舍弃，才获得了幸福和快乐。如果他像人们所想的那样，在有生之年大干一番，只"拿"不"放"，那么，他的最后几十年就有可能会在忧愁和痛苦中度过了。

苦苦地挽留夕阳的，是傻子；久久地感伤春光的，是蠢人。什么也不愿放弃的人，常会失去更珍贵的东西。一个亘古不变的真理，拿得起，固然可贵；但放得下，才是人生处世的真谛。

人生在世几十年，做人要拿得起，放得下。世事艰辛，人心险恶，做人就需要拿得起，放得下。拿得起在于不要随波逐流，保持着自我；放得下在于通达世事，使自己免于伤害。只有放得下，才能将拿得起的东西更好地把握住，抓住最重要的东西。只有这样，你的人生才会有一个更美好的结局。

学会放手，给彼此自由

不是每一朵花都能够如期地开放，也并非每一朵开过的花都能结出果实来。对于感情来说，当你爱一个人而得不到回报的时候，在你付出千般努力也无法得到一个许诺的时候，在你因爱而受伤的时候，千万不要继续与自己再较劲了，要学会放手，给彼此自由。否则，带给你的只有无尽的痛苦和烦恼。

男孩和女孩在一起6年了，女孩一直以为他们可以相爱到天长地久，海枯石烂。可是，就在她为他们的感情而憧憬幸福时，男孩却向女孩提出了分手。一时间，女孩觉得她的天塌了，她崩溃了。她跑到男孩的单位质问男孩为什么，男孩只是简单地说不爱了，说他们彼此在一起太累了。

女孩很是伤心，每天都以泪洗面，她还是不愿相信两个人的感情就这样没了。于是，女孩经常给男孩打电话，诉说她对他的思念之情，男孩很烦，但是女孩依然不放弃。

到后来，男孩似乎很快就开始了一段新的感情，并没有把女孩的悲伤放在心上，女孩很是伤心，到男孩的单位中大叫大骂，最终男孩因为忍受不了女孩的过分纠缠，一气之下就对女孩动了手。

因为女孩不懂得放弃，最终使爱成为一种伤害，是得不偿失的，也是十分遗憾的。所以，在生活中，当爱成为彼此间的一种束缚时，一定要学会放手，给彼此充分的自由，这样才能在对方面前保持起码的自尊，才能让爱成为生命中一种永恒的美丽。

给对方自由，也是给你自己一份快乐与自由。要知道，人世间曾有太多的令人心碎的安排，过于执着只会给彼此带来一种疼痛、一种悲哀、一种伤害。所以，我们还是顺其自然吧！退一步海阔天空，学会放手，学会给予对方自由！给他爱你的自由，也给他不爱的自由，这样，不也正是一种美丽吗？

要知道，生命的灿烂与辉煌并不是只有一个地方拥有，只要释然一些，放下过去，用一颗感恩的心看待过去并希冀未来，你终究会看到另一番风景的。天涯何处无芳草，人间自有真情在，自己的柔情一定会有人读懂。既然双方都疲惫了，不妨让彼此都休息一下，别在失去感情的同时，也失去了自尊。这时候，你可以静静地坐下来，抬头看看天，看看树，再洗把脸，听支歌，读一段小诗，梳梳头发，照照镜子，看看里面的那双眼睛是不是还过于炽热。告诉自己：你并没有失去什么，那些不属于自己的东西是注定得不到的。

从前，有个书生在进京赶考前与他的未婚妻约好，等他回来后，就于某年某月某日与其结婚。

几个月过去了，书生从京城赶考回来了，而他的未婚妻却嫁给了别人。书生很受打击，心里难过极了，从此就一病不起。

这时候，书生家门前路过了一个僧人，说自己可以看好他的病，书生父母就让他进了家门。僧人没有给书生把脉、开药方，而是从怀中拿出一面镜子给他看。镜中一片茫茫大海，一名遇害的女子一丝不挂地躺在海滩上，旁边路过了许多人，但是这些人都是看一眼，摇摇头，就走开了。

又路过一个人，将自己的衣服脱下来，把女尸体盖上后就走开了。一会儿，又经过一个人，走过去，挖了一个坑，并小心翼翼将尸体掩埋了。

书生十分惊愕，那僧人却对书生解释道："那具海滩上的女尸，就是你未婚妻的前世。而你是第二个路过的人，曾经只给过她一件衣服。她今生只有缘与你相恋，只为还你一个人情。但是，她最终要报答一生一世的人是前世曾将她掩埋的那个人，那个人就是她现在的丈夫。"书生随即大悟。

看了这个故事也许你会感到释然。是的，有些东西是注定不属于自己的，何必要苦苦与命运抗争呢？这个世界上没有永远的激情，没有一成不变的事物。人生好似花开花落，周而复始，没有永远不凋谢的花朵，没有永恒不变的感情！真爱一个人，不一定要拥有；真正的爱情，也不一定就会天长地久！如果你爱一只鸟，就给它飞翔的自由，给它享受蓝天的自由，给它品味风雨的自由；爱一个人，给他爱的自由，给对方选择的自由和拒绝的自由，这是爱情的最高境界。

人生的风景并不是只有一处，在你为逝去的美景哭泣的时候，眼前可能是一幅更美的画卷。不要沉醉于过去的情感，失去了意味着这段情感不适合你，一段更好的感情正在等待你。不回过头，你怎能看到眼前的美景？不放下过去，你怎么会获得自由？

人生犹如一部戏，我们每个人都是戏里的主角，每个人都不可能把自己的角色演到极致，而不留一丝遗憾，没有遗憾的人生不是完整的人生。放下过去，还给彼此自由，让彼此生活得更好，这才是真正一段完美的感情。所以，当你被某些事情缠绕得心力交瘁的时候，一定要告诉自己：只有放下，才能重获快乐和自由！

拥有空杯心态，随时从零开始

在生活和工作中，每个人总难免会遇到许多阻碍我们前进的"垃圾"思想。所以，拥有空杯心态就很重要了，随时清空心中一切不利于前进的思想，才能让自己轻装前进，才有助于自己取得更大的成就。

美国某著名大学的校长福斯特讲述了一段自己的亲身经历：

"有一年，我向学校请了3个月的假，然后告诉自己的家人，不要问我要去什么地方，因为自己也不清楚自己会到哪里。这样做是因为多年来，我厌倦了日复一日单调的工作，想做些自己想做的事情。"

"于是，我只身一人去了美国南部的农村，趁着假期去尝试着过另一种全新的生活。在那里，我做着各种各样的工作，到农场去打工、给饭店刷盘子。和农民们一起在田地里做工时，我背着老板躲在角落里抽烟，或和工友偷懒聊天，这让我有一种前所未有的愉悦。"

最后，她还说到了一件有趣的事情：在她回家的途中，在一家餐厅找到一份刷盘子的工作，只干了4个小时，老板就把她叫了过来，给她结了账，并对她说："可怜的老太太，你刷盘子刷得太慢了，你被解雇了。"于是，这个"可怜的老太太"重新回到学校，回到自己熟悉的工作环境后，却觉得以往再熟悉不过的东西都变得新鲜有趣起来，工作成为一种全新的享受。

最后，她说："那3个月的经历，像一个淘气的孩子搞了一次恶作剧一样，新鲜而刺激。并且有了这次经历之后，在她眼里一切就如同儿童眼里的世界，一切都充满乐趣，也不自觉地清除了原来心中积攒多年的'垃圾'"。

现代社会，生活节奏是飞快的，于是伴随而来的是人们生存压力的不断加大。所以，在人生的某些时期或阶段，人们总会自然而然地感受到一种难以摆脱的压抑和烦躁，主动地放下原本的工作或生活状态，以空杯心态去寻求另外一种生活，可以使心灵获得解脱。

拥有空杯心态，随时从零开始，其实就是一种虚怀若谷的精神。有了这种精神，一个人才能在人生的道路上越走越远。如果你一味沉浸于以往的成功、荣誉、辉煌、掌声或成绩中，就难免会迷失自我。同样的道理，如果你太过于在意昔日的失败、无能、平庸或污点的话，只会使自己裹足不前。

德西是一个刚参加工作不久的年轻人，由于缺乏工作经验，而经常受到上司的批评。为此，他每天都垂头丧气的，内心极其郁闷。后来，他找到一位著名的企业家，希望向他请教有关成功的秘诀。

企业家先是让德西介绍一下自己，德西把自己当前的不如意以及困境都说了出来。听了德西的话，看着他郁闷的表情，企业家并没有说什么，而是微笑着随手拿起一个装满茶水的杯子，放在德西面前。然后自己又从旁边提来一壶茶，慢慢地往玻璃杯中倒。就这样一直倒着，直到溢出的茶沿着杯壁流到了地上。但企业家好像还没有停止的意思，直到德西惊讶地喊出来："您别倒了，再倒就都浪费了！"

终于，企业家将茶壶不紧不慢地收回，说道："你的话正是我想说的。这杯茶和我想教给你的东西是一样的——都是浪费。你已经像这个杯子一样装满了忧愁和烦恼，已经容不下其他东西了。你还是先把你内心的一些消极的思想舍弃后，再来装其他的东西吧！"

听罢，德西终于明白了企业家的真实意思，从此不再怨天尤人，调整了心态，顿时觉得自己做的工作原来是十分有意义的。不久后，他被升职为部门经理。

德西正是及时更新了自己的心态，才发觉工作并不是那么枯燥，最终取得了成功。有一位作家曾经说过，郁闷，是暂时的状态，却是永久的束缚。一个人只有及时走出郁闷和烦躁，随时以全新的面貌和心态去对待工作和生活中的事情，才能摆脱种种束缚，才能不断迈步向前。

现实生活中，常怀"归零"心，才能够接受更新的思想。蛇类每年都要蜕皮才能成长，蟹只有脱去原有的外壳，才能换来更坚固的保障。如果不舍弃过去的郁闷，永远迎接不到明日的阳光。

成功或失败永远只能代表过去，一个人若是长久沉迷于以往的回忆中，那他就再也不会进步。对于有远大志向的追求者来说，成功永远在下一次。保持"归零"心态，才能不断发展创造新的辉煌。

永远不要把过去当回事，永远要从现在开始，进行全面的超越！当"归零"成为一种常态，一种延续，一种不断时刻要做的事情时，也就完成了职业生涯的全面超越。"空杯心态"并不是一味地否定过去，而是要"放空"过去的一种态度，去融入新的环境，对待新的工作、新的事物。

得失常在，开心难求

人生在世，有得必有失，这是人们共知的道理。但现实生活中，有人却想不明白这一点，只要涉及个人利益得失之事，总少不了要去争、要去斗，要从争斗中得到更多。殊不知，这种做法总会给人带来莫名其妙的烦恼，难以言状的痛苦，排解不掉的忧愁。

人无完人，事无完美，得失常有，而开心却不常有。每一种事情不管是"开花"还是"枯萎"都有它的道理，如果你为了"常在的失去"而影响了自己的心情，就得不偿失了。

有一天，许宁与自己多年的好友一起喝酒。好友郁郁寡欢，愁绪万千之状，许宁急忙询问其中原因。原来，这位朋友由于到了退休年龄，马上要离任了。

见朋友满腔哀怨，许宁劝他："解甲归田，是好事情呀！你离任了，至少说明你以后再也不必应付酒桌上的事情了，你就不再因为人情而伤肝损胃了，也不必再去注意别人的脸色了。有了急流勇退，多了让贤美名，岂不两全其美！"

看到好友愁眉渐舒，许宁进一步说："我有一个朋友，他的父亲职至高位。其退位当天便回到家中吃饭，看着饭桌上的青菜、萝卜、豆腐，由衷的一声感言'解脱了'。老人退位后，虽然没有了昔日的喧嚣，却有了属于他自己真正喜爱的书法、《易经》、圆口平底布鞋。近日得见，老人虽已近80岁高龄，却端坐在电脑桌前，只听键盘嘀嘀嗒嗒声响不断。与老人比，你不应该再豁达一些吗？"

许宁的话，让朋友哑然失笑。许宁继续道："人生真如草木春秋，何苦要身心疲惫一世呢！太阳永远都是东升西落，长江后浪推前浪是必然的自然规律。年龄大了，还有'用青春赌明天'的本钱吗？"

过了许久，朋友才重新说话。他一把握住了许宁的手，激动地说："谢谢你了！要不是你，我现在还在纠结，还是不能学会放弃呢！"临行前，他又要了一瓶"舍得"酒，并天真地说："这酒名曰'舍得'，看来，我是应该好好品品它了！"说完，豪爽的笑声响了起来。

生活有时就是这么残酷，它会逼迫你交出权力、放走机遇，甚至会使你失去爱情、亲情。而这都是自然规律，既然无法回避，那么，我们不妨学着接受，因为失去的毕竟是失去了，再也找不回来，而我们唯一可以把握的是自己的心情。

世界有太多的无奈，我们不得不面对，如果我们一直都在埋怨上天对我们不公，一直抱怨现实太残酷，那么我们又何时能回过头来去过自己想要的人生。做人要学会自己调整自己，因为这个世界上，得失是随时存在的，而快乐的心情却唯有自己才能给予。

有一位老人特别喜爱花草，尤其甚爱家中那盆养了几十年的兰花。有一次，他有事情，要出去一段时间。他再三考虑，打算将那盆自己甚爱的兰花托付给邻居来照看。

邻居知道老人最喜欢这盆兰花了，所以也是悉心照顾，一刻也不得闲。结果由于邻居缺乏养花知识，没几天花就自己蔫了，又过了几天，花就完全枯萎了。

　　邻居很是感到难过和愧疚，打算等老人回来给他赔罪、道歉。老人回到家后，听到邻居的话，却完全没有生气，只是笑着说："我养兰花，是陶冶情操的，既然它死去了，也是它的命数到了，不必为此而感到难过。"

　　世间的得失都有其一定的道理，只要自己努力过了，就不必再为失去而影响了自己的心情。否则，还不如不去尝试呢！

　　人生在世，得失是人之常理，也是自然规律，我们不必为之而耿耿于怀。你要知道，有失就必有得，你失去了权位和利益，却能得到平静、快乐的生活。失去不可挽回，但是开心却是自己可以把握的，为此，我们在功名利禄方面的得失，应该坦然一些，豁达一些，千万不可太介意、太看重，毕竟快乐才是人生的真谛。

放下面子，舍弃心灵重负

在与人相处的时候，我们常会为了顾全面子而说出一些言不由衷的话，做一些表里不一的事，这其实是一种自欺欺人的表现。这样做的结果不仅不能让你留住面子，还会让你失去面子，让自己活受罪。

刘青是一家公司的部门副主管，他的朋友张波前不久刚刚成立了一家公司。为了庆祝一番，张波在酒店邀请了过去的一帮朋友欢聚一堂。朋友们玩得十分高兴，都祝愿张波生意能够红火。这时候，刘青突然说："张波，其他人对你说虚话，我给你来点实际的，你的第一单生意我给你包了。"

其实刘青明白，自己虽然是副主管，根本没多大权力，但是为了在朋友面前显示他的面子，还是毫不犹豫地说了出来。这让在场的人都记住了他的话，朋友们都说刘青够义气。一瞬间，刘青也顿觉自己很伟大，于是向周围的朋友都夸下了海口。

几天后，张波就去找刘青做生意，这下刘青慌了，因为他自己对公司的这次招标根本就没有什么把握。但是，刘青又意识到，如果这个时候拒绝，那么无疑就使自己丢了大面子。于是，他不得不帮张波忙活起来。一个星期过去了，刘青答应帮张波的事情却没有一丝进展，但是张波也并没有不高兴，只是说："看你说得那么胸有成竹，相信你能行的。现在看来，我还是找别人吧，你不要为难了。"

但是，为了保全面子，刘青还是决定要给朋友看看自己的"能力"。不过，三番两次的失败，不仅让张波跟着受了累，就连自己也搭进去了不少钱。从这之后，朋友们都觉得刘青并不像他自己说的那样，于是对他产生了一丝反感。而刘青自己也备感失落，本来是想在朋友面前露脸子的，没想到却让自己失了面子，懊悔不已。

刘青因为"死要面子"，最终不仅让自己失了面子，而且还耗费了自己不必要的精力，真是自己找"罪"受。

有人考证，潇洒、明朗、自由、活脱是从"不要面子来的"，你"要面子"就得"受活罪"：明明没有钱，但为了显示出自己活得比他人好，有能耐，就逢人摆阔气，装"款爷""富婆"，今天请吃请喝，明天吃五喝六进舞厅，面子倒是耍尽了，欠下一屁股债务后，暗地里只能吃咸萝卜；明明能力不足，但就因为撕不破朋友这一张面皮，强装君子风度，握手言欢，答应帮朋友做一些力所不及的事情，最终让自己跳进痛苦的深渊；夫妻间明明已经是同床异梦，毫无感情，家庭已成为一种摆设，但一想起面子，社会议论，就装出一副男欢女爱的面孔来支撑婚姻大厦，直到心力交瘁……

静下心来想想，又何必呢？人与人之间应当是平等的，彼此间也只有坦诚相见，才能让友情成为一种支撑，成为一种快乐的享受。要面子其实并没有错，但是不要让面子成为自己的一种负累。认真做自己应该做的事情，不做勉强的事，因为勉强本身不仅委屈了自己，也委屈了别人，最有面子的人生就是真实状态下有所收获的人生。

有位世界级的小提琴家在指导别人演奏的过程中，很少说话。每当他的学生拉完一首曲子之后，他都不多说话，只是亲自将这首曲子再演奏一遍，让学生仔细聆听，并从中学习一些拉琴技巧。

他在接收新学生时，都会事先让学习者表演一首曲子，想摸清学生的底子，再分等级进行教育。

这一天，他收到了一位新学生，琴声一起，在座的每个人都听得目瞪口呆，因为这位学生表演得相当好，出神入化的琴音犹如天籁，比他自己表演得还要好。

学生表演后，所有的人都认为小提琴家为了顾全自己的面子，一定会对这个孩子再给予不好的评价，以显示自己的尊严。出乎意料的是，小提琴家照例拿着琴上前，这一次他却把琴放在肩上，久久没有动。最终，他又将琴从肩上拿了下来，并深深地吸了一口气，接着就满脸笑容地走下台去。这个举动令在场所有的人都感到诧异，没有人知道接下来会发生什么事情。

小提琴家只是缓缓地向大家解释道："这个孩子的演奏实在太完美了，我恐怕没有资格去指导他！起码在这首曲子上，我的表演对他可能只会是一种误导。"

这时候，大家都明白了这位小提琴家的胸襟，台下也顿时响起一阵热烈的掌声，送给这位演奏得好的学生，更是送给这位小提琴家。

小提琴家不顾及自己的面子，勇于接受学生更优于他的事实，最终赢得了人们的热烈掌声，在他身上也正体现出一种令人赞叹的大师的风采。他不受盛名所累，也不被人们的目光所限制，更充分地体现出一种极为可贵的真实和谦逊，最终为自己赢得了最大的面子。

我们每个人都渴望得到别人的认可，但是我们不能仅仅为此而给自己套上面子的枷锁，让自己负重前行，并承受内心的煎熬。放下面子是一种智慧选择。放下的是面子，舍弃的是心灵重负，得到的是更为真实，更为自由、快乐的人生。

下篇／境由心转

好心态才能过上好人生

有时候，人的心理是很复杂的，开心、烦躁，平和、焦虑，可以说心态是一个不断变换的过程，喜怒哀乐，全在一念之间。但是，不管什么时候、什么处境，积极的心态都对人生有着积极的作用。生活中的困难并不可怕，关键是我们应该怎样看待它，对人生中的伤痛和挫折抱有什么样的心态。一个天生乐观豁达的人，会生活得很轻松快乐；一个悲观的人，则会被自己想象的压力击垮，活得艰难而又痛苦。

面对命运，要有"拂袖笑谈除万难"的飘逸心态

人一生下来，总是会面对所谓的命运。在一些人眼里，命运可能是不公平的，因为他们觉得周围的人处处都比自己活得潇洒惬意。其实，虽然生活不尽公平，但是只要拥有飘逸的心态，拂袖笑谈除万难，心中拥有不能改变命运但是可以改变心态的生存哲学，那么就能活得潇洒。飘逸的心态创造人生，是一个人成功的起点，是生命中的阳光和雨露，它能够让我们的心灵永远像雄鹰一样翱翔。选择了飘逸的心态，就等于选择了潇洒的人生，选择了成功的希望。一个想要活得潇洒的人，就必须摒弃那些消极的心态，保持一种飘逸的心态。

成也心态，败也心态

心态，即人对事物发展所表现出的不同心理状态。哲学家说，世界上的一切事物都是具有两面性的，同一事物，人从不同的角度可以对其形成两种截然相反的认识，即积极的认识与消极的认识。人对世间万物所形成的不同观念的认识即为心态，它是人对生活环境与人生境遇的体验与反映，直接影

响着一个人的情感与情绪、信念与意志。

麦当劳创始人克罗克说："坚韧和决心是无敌的。"积极的心态可以帮助人们树立坚定的信念，鼓舞人的斗志，使人内心充满光明，在任何情况下都能够看到生活的希望；消极的心态则会熄灭一个人内心的希望之灯，使人陷于无休止的沮丧、颓废等负面情绪中，失去理想与斗志。因而，我们说"心态决定命运""心态决定人生"，心态决定了一个人的事业和家庭，决定一个人的最终幸福。

有这样一则寓言：

在暴雨后，一只蜘蛛艰难地从地上爬上墙壁，并艰难地向着它那张已经支离破碎的网爬去，由于雨后墙壁潮湿，在爬的过程中，它一次次掉下来，可是这只蜘蛛总是一次次地向上爬。

这时第一个路人看到了，他叹了一口气，自言自语说："我这一生啊，不就像这只蜘蛛吗？辛辛苦苦、忙忙碌碌，最后又能得到什么呢？无论多么要强，一场暴雨过后，连最后赖以生存之处都不能保住！"他日渐消沉，对任何事都漠不关心，处处随遇而安，在消极中离开人世，一生也没有享受到任何成功的喜悦。第二个路人看到蜘蛛后，不禁在心中暗笑："这只蜘蛛真是愚蠢啊，它怎么就不知道在旁边找一个比较干燥的地方绕道上去呢？看来人做事也要学着多动脑筋，不能像这只蜘蛛一样死脑筋。"于是，他变得越来越聪明，凡事都从多个角度进行思考，选择最佳处理途径。第三个路人看到后，一下子就被这只蜘蛛坚韧不拔的精神感动了，他暗暗对自己说："一只弱小的蜘蛛面对困境都如此勇敢、执着，更何况一个人呢？我一定要向它学习。"从此，他越来越坚强，在人生的风风雨雨中从不退缩，最后事业有成、家庭美满。

在这则寓言中，3个人对同一件事情所产生的三种不同认知，这直接影响了他们的人生观与处世态度，第一个人形成的消极心态使其一生无所成，而第二个人与第3个人所形成的心态对各自的人生发展都起到了积极的促进作用。

"成也心态，败也心态"，两个同时行走在沙漠里的人，一个人说："大漠无边，我才走到一半，水和干粮也所剩无几了，我怎么能走得出去呢？"他最后在绝望中死在大漠里；另一个人说："大漠虽广阔无边，可我已经走了一半了，我的水囊里还有水，我的食袋里还有两块干粮，我很快就可以走完剩下的一半了。"他抱着必胜的希望最终走出了茫茫大漠。可见，面对人生境遇的不济，培养乐观的积极心态是多么重要啊！

培养积极心态，就要培养乐观的生活态度，把心态调整到最佳状态。生活，是酸甜苦辣、喜怒哀乐的交融，生活中会有无尽的阳光明媚，也会有更多的风雨如晦。人要以正确的态度去理解生活中的一切悲与喜、苦与乐，在人生低谷中保持乐观心态，保持一种轻松愉悦的心情，无论在什么情况卜都要心怀希望；不要总是以悲观的态度去看待事物。

培养积极心态，就要学会宽容、豁达，保持最好的平衡心态。在生活中，苛刻的心态会使人总是以挑剔、责难的眼光看待生活、对待他人，如果调整不好，久而久之会形成一种消极的厌世观；学会豁达，就是要不抱怨、不气馁，并能够在困境中化压力为动力，以从容的平衡心态构建希望。

培养积极心态，就要树立坚定的信念、勇于争取成功。人在生活中会因各种困难而导致人生的追求受阻，尤其在职场中会因各种因素而导致自己"怀才不遇"，面对诸多不尽如人意的地方，人要让自己心中的希望之灯永远明亮，做那只永不言弃的蜘蛛，以坚定的步伐朝着目标奋进。

以积极心态看待命运与生活，简言之，就是要在黑暗中寻找光明、在挫折中鼓舞自己。苏轼在被流放海南之后，仍可在极为贫苦的生存环境中享受生活的美好乐趣；李白在频频求官失败后，仍坚信"天生我材必有用，千金散尽还复来"，正是他们无论在什么境遇中都能保持一种良好心态，才使得他们的人生创造了许多超出常人的精彩。

我们说，成也心态，败也心态，就是要让在命运蹉跎中挣扎的人们记住：在人生境遇中，没有不能攻克的难关，这个世界上没有败给命运的人，只有败给自己内心的人。

面带笑容，负重前行

人生旅途上，苦难和挫折无处不在。我们希望自己的人生可以一帆风顺、大展宏图，可是，很多时候，苦难却是在所难免。人生路上，人总会遇到不想发生却又无可避免的困难、挫折，甚至天灾人祸。这种我们不希望发生，却残酷发生的现实，就成为我们生命的负重。这时，面对负重，我们是要抱怨造化弄人、命运不公，还是要选择微笑面对、负重前行？相信，任何一个不想臣服于命运的人都会选择后者。因为，面带微笑、负重前行，是一种乐观的生活态度，是人要谋求生存发展所必备的积极心态。

某日报曾经报道过这样一个励志故事，故事的主人公名字叫作沈丽。沈丽是成长在嘉兴钟埭大街一户普通百姓家的女孩。在她小时候，母亲便因患有心脏病而丧失了劳动能力，父亲一个人四处打工维持生计。沈丽一面上学，一面要照顾母亲、处理家务，就是在这样的情况下，在去年高考时，沈丽以606分的优异成绩考入了某知名大学，被该大学的英语贸易翻译专业录取。

记者采访时，从沈丽的父母和邻居那里了解到，沈丽从小到大都生活在艰辛与磨难中。四五岁的时候，母亲检查出患有严重的心脏病，不能从事任何劳动。父亲没有正式工作，只能四处打工，以微薄的收入养家糊口。沈丽从六七岁开始，就要洗衣做饭，还要照顾患病的母亲，从来没有像其他孩子一样快活地玩过一天。因为家里穷，沈丽小小年纪就要学会省吃俭用、精打细算，连一块糖都不敢轻易地买来吃。就是在这样的情况下，沈丽仍然保持着乐观开朗的个性，并一直保持着勤奋刻苦的奋进精神。邻居们说："这孩子苦啊，从小就没有过过一天舒服日子，可是她好像天生不怕苦似的。在她脸上从来都看不见愁眉苦脸的样子，见到她时，总会看到她热情、纯真的笑脸。谁家遇到什么困难，她也总是积极热情地来帮助邻里们。这孩子，真是难得啊！"

沈丽的父亲说："在高考前，这孩子因为在家里干活时砸到了脚，后来感染了，一直高烧不退、打着吊瓶。我们都以为是上天弄人，这孩子没有办法参加高考了。可是，小丽在高考那天，硬是拔掉针头，去了考场。她从考场出来的时候脸色苍白、满头大汗，看了真是让人心疼啊！看到我，她还微笑着安慰我说没关系。幸好，老天有眼，让这孩子考上了好大学！"

面对采访的记者，沈丽只是一脸恬静，微笑着说："虽然生活给予我的都是困难，可是我很感谢这些苦难，因为它们让我坚强，让我有了奋斗的力量。我一直都相信，只要不失去信心，笑对生活，勇敢地向前走，就一定会走过苦难，走向属于我的光明。"

沈丽的故事很感人，这样一个小女孩教会我们如何去面对人生，如何去挑战人生中的一切苦难与挫折。在一切命运注定的苦难与一切人生意外的风波面前，保持一种乐观积极的心态，才有可能走出人生的低谷，才有可能走出今夜的黑暗、走向明日的曙光。否则，在人生低谷与命运不公中自怨自艾、悲观自弃，只会使自己在无边无际的黑暗中沉陷痛苦与失败。

　　笑对生活，负重前行，要求我们以一颗乐观、勇敢的心接受并战胜人生的苦难；同时，也要求我们以一种乐观、积极的态度对待一切意外状况，以及人生境遇中的一切"不测风云"。

　　某杂志上曾经讲述过这样一个故事，一位母亲在外出旅行时，遭遇了恶性天气，班机被困在巴黎机场 3 天。这期间气温骤降，机场大厅里怨声一片，旅客全都垂头丧气地忍受着等待与天气的折磨。而这位母亲一边将自己的外套披在孩子身上，一边笑着对孩子说："亲爱的宝贝，你不觉得这是我们的一次奇遇吗？"这位母亲的乐观感染了孩子，他们母子二人竟然在这种突发的状况中享受了一种别样的愉悦。

　　在生活中，随时都可能会发生很多意想不到的突发事件，可谓悲喜无常。但是，正如常言所说"苦也一天，乐也一天"，在我们无法改变的既定现实中，悲苦只能成为一种自我摧残的方式；而如同这位母亲一样，以别样的角度去审视现状，会很好地调节心态，使自己充分享受到生活的乐趣。

　　某文摘上讲述过一个自强女孩的故事。

这个女孩叫张燕，在家里发生的一场大火中被烧成了重伤，脸部重度毁容。在此之后，张燕也曾一蹶不振，对生活失去了信心，陷入了极度的绝望中。在一段时间之后，她望见院子里被烧伤的大树又长出了新鲜的绿芽，她突然想到，自己的生命也应该像这棵大树一样，再度重生，不能就此毁灭啊！从这一天开始，她的脸上又露出了笑容，积极地配合治疗，并且刻苦学习。现在，这个女孩子已经成为一名非常出色的外科整形医生。张燕说："命运虽然给予了我太多磨难，但我要用自己的努力去扭转这尽是磨难的命运。我相信，一个人自信、热情的笑容才是最美丽的，一个人敢于负重前行的精神才是最可贵的。"

　　微笑着面对人生，负重前行，就是要求我们以积极乐观的心态去接受人生中的一切苦乐悲喜，并勇敢坚强地克服困难，心怀斗志，拼搏进取。唯有这样，我们才能在苦难面前坚守信念，在苦难面前屹立不倒，在一切不尽如人意的境遇中心怀希望。

　　"明天的希望，让我们忘记今天的痛苦"，在人生的挫折面前，让我们勇敢地抬起头，迎接明天的朝阳。人生中，苦难与挫折就如同阴霾与冰雪，而我们的微笑就如同这初升的朝阳；只要我们勇于在阴霾与冰雪中抬头，让我们灿烂的笑脸为自己的人生播洒光芒，那么，所有的阴霾终会散去，所有的冰雪终会消融。

与其埋怨不公，不如淡然面对

命运，自古便被哲学家与宿命论者定义为"不公"，一些人自出生起，便被财富、权力、幸福包围着；而一些人一生都无法摆脱贫穷、疾病、苦痛。一些人总是可以被机遇青睐，被贵人包围，可以平步青云、大展宏图，即便"山穷水尽疑无路"，也会"柳暗花明又一村"；而一些人却是一生历经坎坷波折，尝尽人世辛酸仍是郁郁不得志。这个世界上没有绝对的公平与不公平。那么，面对看似不公的命运，我们要以怎样的心态去面对？以怎样的方式去生存呢？

一谈到"命运"一词，很多人都会想起贝多芬著名的《命运交响曲》，这首被称为"交响曲之冠"的《命运交响曲》，以铿锵、恢宏、和谐的曲调向听众展现了贝多芬"我要扼住命运的咽喉，它不能使我完全屈服"这样一种与命运抗争的顽强精神。

1804 年，在贝多芬创造构思这部《命运交响曲》时，他已写好了《海利根遗书》，那时他的耳聋完全失去了治愈的希望，挚爱的女友朱丽叶塔·齐亚蒂伯爵小姐也因为门第原因离他而去。一个将音乐视为生命的音乐家失去听觉，在很多人眼里，贝多芬已是被命运之神所遗弃的弃儿，他的朋友都为命运的不公而为他感到遗憾。而贝多芬，在遭受失聪与爱人离去的双重打击下，他并没有愤懑于命运的不公，没有抱怨、没有责难，他平静地写下《海利根遗书》，并将自己对生命的敬畏与热爱、对命运的理解与诠释全部注释在一个个音符的组合中，他创作了不朽于世的《命运交响曲》。

贝多芬的成就是世界艺术瑰宝中一颗最为耀眼的明珠，而这耀眼的人生之光是命运恩赐予他的吗？显然不是，人生境遇抛给他的是致命的打击，而贝多芬之所以能够开拓人生的辉煌，是因为他能够在不公的人生境遇中平静地接受现实，并在淡然接受残酷现实的同时坚强地挑战命运。

与之相反，在生活中，面对种种"命运的不公"，很多人感到绝望，或自怨自艾，或抱怨人生，面对他人与自己截然相反的人生境遇，尤其是当自己的"失意"与朋友的"得意"对比时，一种强烈的反差更使他们对命运之神的不公愤懑至极，然而抱怨和愤懑能帮助他们改变人生境遇了吗？事实是，抱怨只会使人心生悲观，永远沉浸在压抑与悲苦中。

在不可改变的命运与人生境遇的恶变面前，与其埋怨不公，不如淡然面对。在人生境遇中，所谓"不公"就是我们不希望发生却降临于自身、我们想要改变却无力抗拒的厄运与意外变故，例如疾病、灾难、天生缺陷、人生突变，等等。这些是对我们人生发展造成致命摧残的残酷现实，但是一些现实却是我们无力改变的，我们唯一能做的就是接受现实。

面对不公的命运，我们说"与其埋怨不公，不如淡然面对"，不是说向命运低头、向境遇妥协，不是自我放弃、自甘失败，而是说在面对境遇的不公时要接受现实，并依据现实条件重新思考自己的人生，"淡然"面对不公是一种积极的生活心态，更是一种乐观的生存方式。

淡然面对不公，必须接受自身的命运安排。如果厄运降临在我们身上，唯有清醒地认识现状，平静地接纳变故，我们才可重新定位人生、树立信心、获得新生的希望；拥有淡然的心态，才可造就轻松愉悦的心境，才能在不幸的人生中感受生的乐趣。

淡然面对不公，必须淡然看待他人的"得意"。如果说社会各个阶层的组合是一座金字塔，那么自然有人高居塔顶，有人屈居于塔底，如果我们一定要用对塔顶之人的仰慕、艳羡、妒忌来折磨自己的心灵，我们除了自卑与压抑之外，将一无所获；如果我们能够安于自己所处的位置，一步一步地前进，也许有一天我们也可登上塔顶。人在面对自己与他人的境遇时要保持一种平衡心态，唯有心态平衡，才能使自身发展。

淡然面对不公，必须在接受命运安排的同时，自强不息。伟人说："命运夺走了你的一只手，你还有另一只手；命运夺走了你的一双手，你还有一双脚；命运若连你的一双脚也一并夺走，你还有一颗会思考的头颅。"人在抱怨命运的不公正待遇时，一定要清醒地认识到，命运虽然给了我们几近残酷的考验，但它同时也给了我们生存的权利，这一"生存的权利"潜藏着丰厚的可发掘的价值因素，关键在于我们是否具有利用现实条件创造生存转机的智慧与勇气。

贝多芬在《海利根遗书》中说："命运对我是何等的不公，我愿意死亡来得晚一些，但它早至，我将抱着快乐的心情去迎接死亡，在死亡降临之前创造机会，施展我全部的艺术才能。"面对人生种种不公正的遭遇，我们唯有以淡然的心态去面对，以积极的心态去拼搏。

无论怎样，太阳都会照常升起

"今天，我失业了，我要怎样去面对明天的生活？"

"今天，我失恋了，我要怎样走出这痛苦的深渊？"

"今天，我失去了亲人，我要怎样接受这天上人间的离别之痛？"

"今天，我失去了财富、地位、名利，我已一无所有，我要怎样走出这无边的黑暗之夜？"

"今天，我失去了健康、青春，甚至生命已被宣告了期限，我要怎样去度过今后的人生？"

这些问题，你遇到过吗？面对类似的等等变数与苦恼令你烦忧过吗？这无数个"今天"令你感觉天塌地陷，但在度过这无数个"今天"之后，你的天地真的塌陷了吗？

事实上，当你认为世界都已陷入黑暗的时刻，世界依然存在着阳光明媚的艳阳天；当你认为今天就是末日，再不会有希望与光明的时刻，明天的太阳依然在东方冉冉升起。唯一不同的，只是你的心境而已。如果此刻，你依然紧闭心门，拒绝太阳之光的照射，你的生活自然会感到没有温暖、没有光明、没有希望；如果此刻，你勇敢地抬起头，晨曦之光依然会洒在你微笑的脸上，蒸干你的泪痕，给你新生的希望与力量。

有这样一个小故事：

一位老太太，在乘船通过英吉利海峡时，遭遇了暴风雨的袭击。当时，船上的所有旅客都惊慌失措，对即将发生的不测恐惧至极。而这位老太太依然镇定自若地坐在座位上祷告，她的面容十分安详，没有半点惊恐之色。在风浪归于平静、船只平安脱险之后，身边的朋友非常奇怪地问老太太："刚才的情况那么危急，您为什么好像一点都不害怕呢？"这时，老太太看看海面，笑着对朋友说："我有两个女儿，大女儿戴安娜已经离开了人世，先我一步去了天堂；二女儿玛利亚就居住在英国。刚刚狂风暴雨，危险万分，我就在祷告，我对上帝说：上帝呀，如果今天你要接我去天堂，明天我就可以去看我的大女儿戴安娜；如果今天你将我留在了船上，那么明天我就可以去看我的二女儿玛利亚。无论我今天遭遇了什么，明天的太阳依然会照常升起，只是我将要以不同的方式与不同的人一起生活而已。既然如此，我为什么要害怕呢？"

这位老太太，面对变数时的从容自若，令人诚服，更令人感叹。"无论怎样，明天的太阳依然会照常升起"，在变数面前，我们永远无法左右真正降临的一切"事与愿违"，但生活依旧，日子照常在继续，人生照常在继续。此刻，所有哀怨、悲愤、恐慌、不甘等情绪发泄都无济于事，我们唯一能做的，就是从容接受变数，而后在变数中努力寻求新的突破，开拓新的人生。

一位成功女士在接受记者采访时，这样说："我在22岁的时候，我的母亲因病去世了；在我30岁的时候，我的父亲因癌症去世；在我32岁的时候，我的老公有了外遇，和我离婚了；在我34岁时，我再婚，可是在35岁那一年，医生告诉我因为自己到了高危年龄，这一生都有可能无法生育孩子了。父母早逝、婚姻破裂、孤独终老，这种种变数接二连三地给了我沉重的打击。

可是我清醒地知道，对于这些根本无法挽救和弥补的变数，悲痛是于事无补的，绝望只会继续毁掉我的后半生，我应该活得更精彩。所以我开始全心打拼事业，一点点创立了我自己的公司。现在，虽然事业有成，仍无法弥补我所不能得到的天伦之乐，但至少我的生命实现了其应有的价值。回首我的辛酸经历，我只想对大家说：在任何情况之下，无论你遭遇了什么，生活仍旧要继续，而且它也仍旧存在着光明和美好的一面，关键在于我们如何去将生活的另一面美好发掘出来。"

这位女士的话很朴实，却道出了人生的一大哲理：无论怎样，太阳都会照常升起；无论怎样，我们都必须将精彩的生活进行到底。

在变数面前，要面对明天、继续生活，这需要我们保持一颗淡定从容的心，以平和的心态接受变数；需要我们拥有一颗坚毅勇敢的心，以信心与坚强挑战变数。我们要知道，在人生的旅途中，变数与意外随时都会发生，而这些看似可怕的突变其实并不可怕，它们并不能将生活的美好全部吞噬。真正可怕的，是我们失去生活的信心与前进的力量，如果失去这些，我们将再也不能发掘并开拓生活中依然存在的美好未来了。

在《伊索寓言》中有这样一个故事。一只喜鹊每天都忙碌着在树上盖房子，它辛苦地衔来树枝，然后细心地将这些树枝码放整齐。10多天过去了，它的房子就要盖完了，可是一天夜里突然刮起了大风，把这只喜鹊辛辛苦苦建筑的巢都给吹散了，树枝落了一地。树林里的其他动物都以为喜鹊会为此伤心欲绝。因为筑巢是这只喜鹊最大的心愿，它花费了这么久的心血，眼看这个新房子就快盖好了，却被一场突如其来的大风毁于一旦。可是第二天，喜鹊却表现得非常平静，它望着散落在地上的树枝站了一会儿，便又若无其事地去衔树枝、筑巢。大家都感到疑惑不解，便问喜鹊："喜鹊呀，你的新家被毁了，你不伤心吗？为什么都看不到你难过呢？"喜鹊回答说："呵呵，我的新家被毁了，我也感到很遗憾啊，可是光伤心有什么用呢？大风过后，我还是要继续生活呀，所以当前最要紧的是赶快再建一个新家才对。"就这样，这只喜鹊很快就建筑了一个新房子，又开始了正常的生活。

现在，我们再来想一想那些让你感觉天塌地陷的"今天"所发生的一切：失业了，前途依然还在，你还可以继续新的拼搏；失恋了，青春依然还在，你还可以开始新的感情；失去了亲人，回忆依然还在，你应该将对逝者的爱加倍地给予生者；失去了功名利禄，生活还在，你应该以"留得青山在，不怕没柴烧"的精神继续开拓人生；失去了健康、青春，生命还在，你还可以去继续开拓美好并珍藏已收获的美好；即便生命也被定义了期限，那你还有剩余的期限去完成你未完成心愿，而不是等待遗憾、生长遗憾。

无论在什么情况下，每一天都会按照正常的轨道运行，关键在于，你是否能够将自己的人生再度纳入这依旧正常运行的轨道。

学会对自己说"没关系"

在生活中，"没关系"这句话似乎一直都是我们在对别人说，或者是听到别人在对我们说，这一句简单的"没关系"在很多情况下，体现的是一种包容的美德与礼让的气度。人们在日常生活中，习惯于对别人说"没关系"，习惯于忍让他人的过失与失礼，习惯于将包容与礼让尽可能地给予他人。但是，今天我们要讲的是，多对自己说一句"没关系"，因为这一句简单的"没关系"还包含了另外一层极为重要的含义：就是包容自己的失败与错误，在人生的失意中，多给自己一份鼓励，多给自己一个机会，去赢得最后的成功。

在人生的道路上，永远不会一帆风顺，失败是我们想要避免却时常发生的，"如影随形"一般。有时候，很多人将自己的失败归纳为自己的错误，将别人的否认归纳于自己的失败，这些人因而不肯"放过"自己，把自己陷入深度的自责和自怨中。可是自责与自怨能够解决什么根本问题呢？事实是，这是一种自我折磨与自我放弃的表现，是一种没有勇气面对错误、承认错误、改进错误的表现。以这样一种方式应对失败，显而易见，是不可能走出困境、获取真正的成功的。

对自己说"没关系"，是一种积极的生活态度，更是一种成大事者的必备风范。在人生之中，真正的赢家，不仅要具有包容别人的"海纳百川"的精神，更要有一种善待自己"一笑而过"的心态。在错误与失败面前，我们笑着对自己说一声"没关系，我可以从头再来"；在别人的否认与嘲笑面前，我们笑着对自己说一声"没关系，我可以继续努力，做得更好"；在挫折中跌倒之后，我们笑着对自己说："没关系，我可以爬起来继续前进。"

爱迪生一生发明无数，并且发明了史无前例的电灯，为人类发展做出了巨大贡献，但是爱迪生的实验过程却经历了无数的失败。小时候痴迷于试验的爱迪生，在火车上因做实验发生错误，导致失火，为此，列车长狠狠地甩了他一个耳光，致使爱迪生的一只耳朵失聪，这时爱迪生在心里对自己说"没关系，这个错误让我知道了这个试验的正确做法。至于我的耳朵，我还可以用另一只耳朵聆听"。在爱迪生一生漫长的科学研究中，每一次试验失败，他都会安慰自己说："没关系，下一次，我一定会成功。"有一次，爱迪生的实验室发生了火灾，所有资料和试验结果记录都被烧毁了，这巨大的损失给了爱迪生沉重的打击，可是他在静坐了一夜之后，笑着对自己说："没关系，这些记录和资料都没有了，我可以重新再来。"于是，爱迪生将所有试验全部重做，将损失的资料全部重新补回，并且在重新试验的过程中发现了很多以前没有注意的问题，有了更多新的收获。试想，如果爱迪生在每一次失败与挫折中放弃自己，他还会成就以后的辉煌吗？

学会对自己说"没关系"，就要敢于接受失败，承认自己存在的不足与错误，而后以失败为师，向着自己的理想目标百折不挠地奋勇前进。

有这样一个小故事：

一只小蚂蚁看到屋顶上有一块蛋糕渣，便想享用这块美味。于是，它开始努力地向屋顶爬去。但是因为墙壁太光滑，它一次又一次跌落下来，一直没能爬到屋顶上去。这时，一只蜈蚣正好经过这里，就劝阻蚂蚁说："小蚂蚁，你是不可能爬到屋顶上去的，你不要白费力气了，快回家去吧。"小蚂蚁听后回答说："没事的，我一定会想办法爬上去的。"蜈蚣离开后，小蚂蚁咬咬嘴唇对自己说："没关系，这面墙我爬不上去，我可以选择另外一条路上去。"于是小蚂蚁爬上了一棵大树，顺着伸到房檐的树枝爬到了屋顶上。这只小蚂蚁经过努力，终于吃到了这块美味的蛋糕渣。

生活中，我们无论做什么事情，还是实现人生理想，都会遭遇挫折，有时甚至会遭遇不可突破的失败，如果我们能像这只小蚂蚁一样，在失败面前对自己说"没关系，希望还在"，那么我们一定可以寻找到一条通向罗马的成功之路。

学会对自己说"没关系"，要抛开他人的眼光与评论，即便遭受他人的否认与嘲讽，也要坚持自我、相信自我；不断地进行自我完善，坚持自己的信念。

爱因斯坦的《三个小板凳》的故事大家都不陌生吧？在一次手工课上，同学们的作业都完成得相当出色，唯有爱因斯坦的作业是一只粗笨、丑陋的小板凳。当时，同学们哄堂大笑，老师也向他投来鄙夷的目光。而爱因斯坦这时又从书包里拿出了两个一模一样的小板凳，对老师说："老师，我一共做了3个小板凳，我交给您的这个是其中最好的一个了。"当时听到爱因斯坦的话，老师觉得有点诧异，同学们仍然还在嘲笑爱因斯坦的愚笨。而此时，爱因斯坦说："老师，没关系，我这次做的不能让您满意，我下一次一定会做得比这个更好。"

爱因斯坦这一句"没关系"看似是说给老师听的，但这一句简单的 3 个字在爱因斯坦的内心却是说给自己听的，他没有因别人的否认与嘲笑而自卑、气馁，反而却以自信的心态肯定了自己。爱因斯坦的这种自我完善与自我肯定精神，对其以后的成功产生了重要影响。

学会对自己说"没关系"，就要学会善待自己，在生活的困苦、艰辛中多给自己一点鼓励、多给自己一点安慰、多给自己一些爱。有一句话说得好："再苦再累，也不要忘记爱自己。"人生也许会抛给我们无数艰辛与坎坷，如果我们自己还要以此为难自己，那么，我们要如何去创造快乐的人生呢？

当命运在人生际遇中给予你失败、挫折、否认时，你一定要记住对自己说一句"没关系，我可以……"那么，你给自己赢得的将是无限的成功！

面对缺陷，要有"天生我材必有用"的自爱心态

每一个人都不能选择自己的身体，也许在一出生的时候，身体就存在着缺陷，我们常会为自己和别人有所不同而深深地自卑，会对自己什么也做不了的现状心灰意冷。与其心灰意冷，不如爱上不完美的自己。天生我材必有用，这种乐观自爱的心态，是我们面对身体缺陷时的灵药，不管别人怎么看待我们，怎么轻视我们，我们都要相信自己、肯定自己。只有这样，我们才能忘记身体上的伤，寻求属于我们自己的人生之路。

与其开口抱怨，不如默默努力

有些时候，我们是不能决定自己的身体的。有些人一出生，就有一个好身体；有些人却在刚刚出生的时候，就注定了身体上挥之不去的伤和痛。有些人，从生到死，都能远离疾病和厄运，健健康康、顺顺利利地走完一生；但另一些人，却在拥有完整记忆的时候，因为某一突发事件，从此不得不忍受身体上的伤痛和折磨。

在身体面临缺陷的时候，有许多人都会抱怨命运的不公平。有的人选择意志消沉，随波逐流，甚至破罐子破摔，不仅仅伤害了自己，更伤害了身边疼爱自己的父母、关心自己的朋友。有的人选择了愤怒，怨天怨地怨父母，怨所有看到的一切人和事情，不但没有摆脱身体上的伤痛，反而让自己成了别人眼中的"愤青"，让周围的人觉得难以接近。

面对身体上的缺陷的时候，与其抱怨，不如默默努力。因为抱怨是解决不了问题的，唯有默默地努力，才能克服心理障碍。

著名文学家史铁生，在1972年的时候，不幸因病而瘫痪，失去了行走的能力，用他自己的话说就是"在最狂妄的年龄里，一下子瘫痪了"。后来他的整个人生都离不开轮椅这种行走工具，更不幸的是，他的肾脏出了毛病，得了尿毒症，只能靠着一周三次的透析来维持生命，命运对史铁生是多么残酷啊，既夺走了他行走的能力，又让他在轮椅上经历着病魔的折磨。就是在这样的磨难当中，史铁生没有被打倒，而是勇敢地抬起了不屈的头颅，用坚强的手写下了动人的文字。他的作品，诸如《我遥远的清平湾》《我与地坛》《病隙碎笔》《务虚笔记》《我的丁一之旅》等，感动了多少人啊！这些情真意切的作品，用丰富的人文情感和深邃的哲理思想，温暖着一批又一批的读者。对史铁生来说，生命的含义非常特别，在他的许多作品里，都用了大量的笔墨来探讨这个问题。生与死、完整与残缺、幸福与苦难、颓废与信仰，等等，都在他的思考范围之内。在这些文字里，史铁生展示了自己是怎样在磨难中活出信心、活出意义来的，没有了健康的身体，靠着头脑，史铁生创造出了一个真实的传奇。

史铁生的作品，很多都被翻译成各国的文字在世界范围内出版。最受瞩目的是获得华语文学传媒大奖2002年度杰出成就奖。华语文学传媒大奖2002

年度杰出成就奖得主史铁生的授奖词中是这么描述史铁生的：史铁生是当代中国最令人敬佩的作家之一。他的写作与他的生命完全同构在了一起，在自己的"写作之夜"，史铁生用残缺的身体，说出了最为健全而丰满的思想。他体验到的是生命的苦难，表达出的却是存在的明朗和欢乐，他睿智的言辞，照亮的反而是我们日益幽暗的内心。他的《病隙碎笔》作为2002年度中国文学最为重要的收获，一如既往地思考着生与死、残缺与爱情、苦难与信仰、写作与艺术等重大问题，并解答了"我"如何在场、如何活出意义来这些普遍性的精神难题。当多数作家在消费主义时代里放弃面对人的基本状况时，史铁生却居住在自己的内心，仍旧苦苦追索人之为人的价值和光辉，仍旧坚定地向存在的荒凉地带进发，坚定地与未明事物作斗争，这种勇气和执着，深深地唤起了我们对自身所处境遇的警醒和关怀。

不要总把目光锁定在伤痛的那一部分上，要坚信，剩下的那些也能让我们生活得美好坦然。要自力自足，从而获得生命的垂青，从而对自己今后的路充满信心。

在险峻的华山上，有一个叫何天武的独臂挑夫，每天都背负着100多斤的货物，行走在艰险的山路上。20年前，何天武的妻子病重，为了给妻子治病，他不但花尽了家里的积蓄，而且还借了很大的一笔外债，但妻子最终还是没有好转，离开了这个世界。家里一贫如洗，还有两个年幼的孩子，为了挣钱养家还债，何天武独自一人来到河南平顶山一家煤矿挖煤。但是，在那里，他遭遇了矿难，他的左胳膊被断裂的钢丝绳斩断了，从此变成了一个独臂的人。拿着仅仅4200元的赔偿金，何天武无奈地返回了家，他花了很多的时间，在荒山上平整出了几亩地，种上了庄稼，但在将要收获的时候，一场洪水把他的希望全部冲走了。无奈之下，为了养家糊口，他只得拖着仅剩下的一条手臂，再次走上了外出打工的道路。

一个只有一条手臂的人，想要在这个社会上找一份工作，是多么艰难的事情。何天武在求职的路上，遭受了无数的冷落，一次次地碰壁，被拒之门外。但他没有放弃，更没有自暴自弃。终于，凭借着这股子坚韧的精神，他在华山上找到了一份工作，做了挑夫。十几年来，何天武已经在华山上来来回回了3000多趟，用自己的血汗养活了一家老小，用自己仅剩的一条手臂，为残缺的家撑起了一片完整的天。也许，有的人觉得挑点儿东西并不难，但是，对一个只有一条手臂的人，行走在曲折蜿蜒、满是悬崖峭壁的华山上，那种艰险是难以想象的。行走在千尺幢险道时，一共有276个台阶，上下只容一人通过，断臂的何天武，不能像其他挑夫那样，累了可以换换肩膀，脚步不稳可以扶着铁链。在爬到这个险道时，开朗健谈的老何沉默了，他开始把注意力放在把握重心上了。在攀爬苍龙岭的时候，老何的身子几乎都要贴在台阶上了。偶尔有下山的游客经过身边，他都会伸手去扶一把，嘱咐一声："小心，慢点……"

何天武的生活很苦，但他从来没有埋怨过什么。他住在60元一个月的山脚小屋中，凭借着自己坚强的意志，靠着坚实的脊梁，在这华山的路上已经挣扎了好几年了。这种艰辛的日子还在继续，他从山脚下往山顶上背1公斤的货物仅仅挣6角钱，背50公斤的货物，才换来30块钱的运费！一年12个月，除去4个月的淡季，他天天早晨6点就起床，自己做饭，然后背上货物，一步一步地在山路上前行。下午天黑的时候，他才下山，还要在沿途的商家那里揽活儿，干挑夫这种活计的人都知道，不怕苦，就怕没活干。每月能给家里寄200元，总算尽到自己作为父亲的责任。

何天武的生活尽管艰苦，但他生活得很坚强，从来也没有抱怨过什么，而是认清现实，一步一个脚印，踏踏实实地走自己的路。每个人的人生都不一样，在他看来，做一个挑夫，就是他的人生，他要用这微薄的收入，撑起家人面前的一片天。

面对生命中身体上的缺陷，抱怨是不能解决问题的，理智地认清现实，寻找前面的道路，这才是最好的办法。走自己的路，不要畏惧别人的目光；走自己的路，不要和别人攀比。只要自己觉得快乐，只要能够帮助家人，分担他们身上的负担，这就够了。

接受自己，才能赢得阳光

假如，我们很不幸身体上有了所谓的缺陷，那么千万不要自己讨厌自己。在这个世界上，别人可以把我们当成弱势群体，唯独自己不能把自己当成不同的存在。面对我们身体上不能改变的缺陷，自暴自弃，是非常不理智的行为，它不能改变我们的处境，不能给予我们什么实质上的帮助，只能使我们的生活变得越来越糟糕。想要让今后的生活继续，想要让自己生活得更加美好，就要接受自己，只有这样，我们才能赢得阳光。

接受自己，意味着我们要有一个良好的心态，只要坚信自己的主观能动性，就可以创造出奇迹。

心态对一个人来说特别重要，好的心态能够使人产生向上的力量，即使是一个身体上被伤痛折磨的人，在好心态的影响下，也会喜悦，也会全身都充满生气，体现出一个正常人的沉着和冷静，和周围的人和谐相处。但是一个不好的、消极的心态，则会使你自暴自弃、不思进取，甚至颓废、悲观、绝望，以至于整日无精打采、萎靡不振，常常会因为心情不好而乱发脾气，也不愿意配合别人的工作，对别人善意的帮助产生敌视情绪，导致自己的人际关系日益紧张。

小李从一出生就得了小儿麻痹症，现在在一家超市工作。小的时候，小李经常埋怨父母，总是问为什么自己和别的人不一样，为什么自己不能和别的小朋友一起蹦蹦跳跳地上学，甚至连走路都要别人扶着。后来，妈妈告诉小李，因为当时的医疗条件落后，妈妈生她的时候难产，能安全地生下她来就算"命大"了。小李知道以后，心态就改变了，虽然落下了残疾，但总算保住了一条生命，能来到这个世上走一遭，所以，小李以后就不再埋怨什么了，做什么事情都不轻言放弃。中学毕业以后，小李走向了社会，刚开始，在一家制衣厂打杂，但刚刚做满一年的临时工，就无缘无故地被老板辞退了。

但是小李没有抱怨，坚信生活会好起来的。小李在家学会了电脑打字，学会了上网，她通过网络，幸运地遇到了自己现在的丈夫，一个非常爱她的、健全的人，他们现在还有一个可爱的女儿。后来，她通过朋友的介绍，来到了现在的这家超市上班。她的顽强、她的好学、她的认真仔细，深深地打动了周围的同事和领导。第一天上班的时候，她在同事的搀扶下完成了培训，连中午饭也是同事帮着打的。但是第二天上班后，小李就主动要求自己独立地工作，她推着一辆购物车当拐杖，在后面的仓库里整理货物；吃饭的时候，也自己排队打饭，每当小李自己独立完成一件工作的时候，内心当中就充满了一份自食其力的幸福感。

对一个身体上有缺陷的人来说，良好乐观的心态是非常重要的财富。

有一个心理学家曾经做过这么一个实验，他把一个被判了死刑的人关在一间漆黑的囚室里，并蒙上他的双眼，然后对这个死囚说："我们准备了一种很特别的方式结束你的生命，我们准备把你的血管切开，让你的血一滴滴地流出来，直到流尽最后一滴，这样的死法是不是很特别？"然后这个心理学家打开了一旁的水龙头，让这个死囚犯听到滴水的声音，心理学家说，这就是你的血在滴。等到第二天的时候，打开这间囚室的房门，那个囚犯已经死了，脸上白白的，好像一点血色都没有。其实这个囚犯一滴血也没有流失，他被吓死了！

从这个故事中，我们可以看出，心态对一个人是多么地重要，要想接受自己，必须要改变自己的心，因为，它能让一个人死，也能让一个人生，这就是主观能动性的力量。

接受自己，意味着我们想要改变，要坚信缺陷可以通过努力来弥补。接受自己，意味着面对现实，不管现实对于我们来说有多么残酷。

英国作家布莱特，一生下来就不能走路，一直到他 5 岁的时候，还是不会走路，也不会说话，连他的颈部、上肢都不能自由地支配，只有左脚很灵活。就在这一年，布莱特看到妹妹在家里的地板上用粉笔写字，使他受到了启发，就用左脚夹起了粉笔，也在地上勾画了起来。两个月后，他学会了 26

个英文字母，从此，在母亲的耐心教导下，他学会了读书识字。布莱特喜欢霍金，还有他那种改变生活的动力，凭借着这种不屈不挠的努力，他学会了用左脚写字，后来学会了用左脚在打字机上打字，尽管每打一个字，布莱特需要付出正常人几倍的努力，但他始终没有放弃自己的写作梦想。22岁那年，布莱特终于出版了他的第一本自传体小说《左脚上的生活》，几年以后，他又出版了另一本小说《生在彼时》，成了世界上的畅销书，有20多个国家都出版了这本书，还拍成了电影。在他30年的短暂人生中，共创作了4本小说、3本诗集，这些都是靠他用一只左脚打出来的。

布莱特虽然失去了很多，但他有左脚，并通过不懈努力，不仅弥补了这种缺陷，还超越了正常人，取得了常人所不能达到的成就。

自爱地活着，才能享受生活

俗话说"金无足赤，人无完人"，这是不能改变的事实，但每个人心里或多或少都存在着这么一种渴望，梦想着自己能够成为一个完美无缺的人，成为一个十全十美的人。然而，现实社会总是让一些人感到残酷：想参加运动会，却身无特长；想参加演讲比赛，却有着一口浓重的地方口音；想报名文学社，却被告知没有文学细胞；想当模特，身体又不苗条；学美术，被人家称为只会涂鸦；学音乐，发音又不全……很多的遗憾、很多的叹息。健康的人尚且如此，身体上有伤痛的人，遗憾也许就更多了，也许，在健康人的眼里，一些理所当然的事情都成了奢望。正因为如此，伤痛缠身的人，常常选择逃避，选择自暴自弃，甚至选择结束自己的生命，用一种极端的方式告别这个多彩的世界。其实，这是完全没有必要的，面对身上的缺点和伤病，最好的方式是，自爱地活着，放弃那些得不到的幻想，真真实实地走自己的路，过自己的日子。

自爱地活着，要求我们必须直面缺陷，不做把头埋进沙里的鸵鸟。身体上的伤病，可分两种：一种是可以通过后天的努力弥补的缺点，比如说运动的技能、知识，等等，往往能通过后天的努力改善和提高；另一种身体上的伤病是不可弥补的，比如说身体上或者生理机能上有缺陷的地方。面对前面的这一种，意志坚强、奋斗不息，定能完善自己，实现人生中的飞跃；面对后面的这一种，我们要勇敢地正视自己和常人相比身上的弱点和不足，勇敢地学会放弃，将自己所有的时间和精力都投入可以塑造的、可以发展的那一部分当中去。

那么，为什么要直面缺陷呢？我们需要从下面的几个方面来认识这个问题。

1.身体上的伤病和缺点是相对的，一个人不可能一点缺点也没有，缺陷是不可避免的，只是程度不同罢了。所以，每个人都要认识到，有缺陷的身体，才是真正的身体，所以我们需要直面伤病带来的缺陷。

2.只有勇敢地面对身体上的伤病，才能尽可能地通过精神上的力量来弥补、来战胜它，从而提高生活的质量，挖掘生命的深度，提高人生的价值。

3.直面身体上的伤病，是一种智慧。面对伤病带来的缺陷，当我们意识到它可以通过我们后天的努力来矫正的时候，我们既可以在现有的基础上，用一种不满足现状的拼搏精神，把这种伤病带来的痛苦化为压力，让压力再转变成我们前进的动力，从而激励我们一步一步地向前，尽最大的努力去矫正这个缺陷；当我们清醒地意识到这个缺陷是不能弥补的时候，我们也可以理性地分析出自己的其他优势，在以后的人生之路上做到扬长避短，乐观地追求自己的人生之梦，达观地向这个世界展示自我。

4.直面身体上的缺陷，我们才能克服心理上的阴影，摒弃自卑，包容他人，坦然面对别人的非议和冷眼，在面对别人的嘲笑之时，也能心平气和。在人生之路上，不管是生活还是工作，都能做到不逃避、不懦弱，扬起自信的翅膀，挥舞坚强的双臂，做一个生机勃勃的人，做一个潇洒轻松的人。

那么，自爱地活着，敢于直面身体上的伤病，我们应该怎么去做呢？

1.要敢于挑战身体上的伤病，用加倍的努力来缩小它，尽量地换个角度来认识，变短为长。人体的缺陷，包括生理的、病理的、肢体的、性情的，多数是无法克服的，但也并不是完全不能逾越的，精神上的动力，往往能够创造出奇迹。

2.身体上的伤病，就像弹簧一样，我们越是使劲地挤压它，它反冲过来的力量也就越大。所以，我们一定要达观地面对身体上的伤病所带来的缺陷，不仇视别人，也不自卑，对自己的将来要有信心，不让身体上的因素困扰自己，努力寻找自己身上的闪光点，相信一定能够有所发现的。有句话说得好，上帝在关闭一扇门的时候，也会给你打开一扇窗，我们不能让这缺陷的阴影遮蔽住我们整个人的心灵。努力地去发现，活出一个真实的自我，活出一个超越的自我。

张海迪的故事就生动地说明了这个道理：达观地活着，才能享受生活；直面缺陷，才能走出阴影。

张海迪，1955年9月16日秋天在济南出生。5岁患脊髓病导致高位截瘫。从那时起，张海迪开始了她独特的人生。她无法上学，便在家中自学完成中学课程。15岁时，张海迪跟随父母下放山东农村，给孩子当起了老师，在这期间她自学针灸医术，为乡亲们无偿治疗，张海迪还当过无线电修理工。

她虽然没有机会走进校园，却发愤学习，学完了小学、中学的全部课程，自学了大学英语、日语和德语，并攻读了大学和硕士研究生的课程。1983年张海迪开始从事文学创作，先后翻译了数十万字的英语小说，编著了《生命的追问》《轮椅上的梦》等书籍。其中《轮椅上的梦》在日本和韩国出版，而《生命的追问》出版不到半年，已重印4次，获得了全国"五个一工程"图书奖。2002年，一部长达30万字的长篇小说《绝顶》问世。《绝顶》被中宣部和国家新闻出版署列为向"十六大"献礼重点图书，并连获"全国第三届奋发文明进步图书奖""首届中国出版集团图书奖""第八届中国青年优秀读物奖""第二届中国女性文学奖""中宣部'五个一'工程图书奖"。

从1983年开始，张海迪创作和翻译的作品超过100万字。为了对社会做出更大的贡献，她先后自学了十几种医学专著，同时向有经验的医生请教，学会了针灸等医术，为群众无偿治疗达1万多人次。1983年，《中国青年报》发表《是颗流星，就要把光留给人间》，张海迪名噪中华，获得两个美誉，一个是"80年代新雷锋"，一个是"当代保尔"。张海迪怀着"活着就要做个对社会有益的人"的信念，以保尔为榜样，勇于把自己的光和热献给人民。她以自己的言行，回答了亿万青年非常关心的人生观、价值观问题。

张海迪达观地活着，不仅仅感染了周围的人，给他们带来了精神上的力量，也使自己享受到了生命中的乐趣。达观地活着，直面身体上的缺陷和伤痛，这样我们才能享受生命！

换个角度，缺陷也很美

通常，人们追求完美，躲避缺陷，这是人之常情，无可厚非。然而，一旦我们面对缺陷，却承受不了那种"与众不同"，即使我们承受住了，也往往会因为周围人们的有色目光而产生深深的自卑感，以至让心中的阴影吞噬掉那点仅存的自信。

其实，事情往往都是两面的，从这一面看，山穷水尽，没有什么出路，但假如我们换个角度，可能就会发现，原来，这里面也有美丽，即使是缺陷，也是一种美丽。

其实有时候，缺陷也是一种美，就像太整齐、太完美的脸会让人觉得不真实，不对称的脸反而更有亲和力一样。有些时候，正是因为不完美，才充满了变化的可能，才具有了一种改变的动力，演变出持续的生命力。从这个角度上看，缺陷也是一种美。

缺陷之美，美在精神上的顽强和坚韧。

想起英国的伟大科学家霍金，所有人的眼前都会呈现出这位科学领域的大师那永远深邃的目光和灿烂的笑容。所有的人都对霍金的成就表示深深的敬意，但他的成就并不是唯一的因素，另一个让人起敬的原因是，霍金的那种不屈而又顽强的斗士精神！

曾经有这么一个故事发生在霍金身上，当他的一次学术报告完成的时候，台下的一个男记者一下子跨上了讲台，面对这位在轮椅中生活了30多年的科学大师，在敬佩之余，又不甘心地问了一个这样的问题："霍金先生，这该死的疾病已经把您的一生都固定在了轮椅之上，您难道不认为命运对您太残酷了吗？"这个男记者突兀尖锐的问题，顿时让整个报告厅变得鸦雀无声，一时静得连根针掉在地上的声音都能听到。霍金的脸上依然挂着恬静灿烂的微笑，他努力地用他那唯一能活动的手指，一下一下，艰难地敲击着键盘，于是，给他特制的语音合成器上发出了标准的声音，不高不低，不愠不恼，宽大的投影屏幕上缓慢地出现了这样一段文字：我现在的手指还能动，我的大脑还能思维；我有终生追求的理想，还有我爱的和爱我的亲人和朋友；对了，我还有一颗感恩的心……

　　在场的每一个人都被这有力的话语震撼了，片刻的宁静之后，紧接着的就是雷鸣般的掌声。所有的人都涌向霍金，簇拥着这位伟大的科学家，向他表达自己发自内心的赞美和尊敬。在这个时候，霍金的缺陷，难道是不美丽的吗？

　　缺陷之美，美在不卑不亢。有这么一个故事，很能说明这个道理。

　　从前，有一个农民，他的家里有两只水桶，一只完整无缺，另一只却在一侧有一道裂痕。农民每天都用一根扁担挑着这两只水桶，到村边的小河里去挑水，那只有裂痕的水桶，每次到家的时候，总会漏掉很多，只有半桶水留在里面，而另一只总是满的。就这样，3年来，日复一日，年复一年，农民天天挑一担水，却只能收获一桶半。

完整的木桶，因为自己的无缺而扬扬自得，而有裂痕的木桶，也因为自己的缺陷而羞愧难当。经过了3年的沉默之后，有裂痕的桶终于鼓起了勇气，向主人开口诉说："我真觉得自己很失败、很惭愧，因为我的身体上有一条裂痕，我这3年来，一直在路上漏水，所以每次从河边到家里，只剩下半桶水。"

　　农民听了后回答它说："不知道你自己意识到了没有？在靠近你的那一侧的路边上，开满了美丽的花朵，而在靠近那只完整的水桶的一边，却没有一朵花。我从一开始就知道你漏水，所以在靠近你的那条路边上撒上了花籽。每天挑着你们回家的路上，就会给它们浇水。3年了，我经常把这路边开着的鲜花采摘下来，拿到集市上赚钱。如果不是因为你的所谓的缺陷，我怎么会收获美丽的鲜花呢？又怎么用它们来装扮我的家呢？"

　　假如上帝真的把缺陷给予了我们，请不要自卑自弃。缺陷并不丑陋，也不可怕，只要我们敢于面对，敢于重新审视自己，换一个角度，那么这种缺陷也是我们人生之路上的美丽风景！

取得成功，需要不断自我暗示

一个正常人想要成功不容易，一个身体上有缺陷的人想要取得成功，就更加不容易了。要想成功，除了要付出比正常人多得多的努力，承受比正常人大得多的压力之外，还要学会不断地自我暗示，以此增加自己的自信心，增加成功的概率。

那么，自我暗示有什么样的作用呢？

一般说来，消极的心理暗示，能够让人的判断出现偏差，能够让人的自信心下降，让人自暴自弃，甚至陷于不切实际的幻想之中不能自拔，这种情况下，很容易做出脱离自身实际的事情来。比较消极的心理暗示，时间久了，就容易让人在心理上形成固定的模式，不管面对什么事情或者人物，自卑，偏听偏信，往往情绪化，凭着直觉办事。

积极的自我暗示，能够在心理上对自己做出先期的肯定，这种自我暗示，是对某种事情的正面的、积极的判断，能够使我们在想象中坚定和执着的一种表达方式。常常进行这种积极的心理暗示，以此在行动之前可肯定自己，能让我们在一开始就能保持住一种积极的心理状态，来替换我们过去的陈旧观念和否定性的思维。积极的心理暗示，是一种取得成功的技巧，是一种能够在短时间内改变我们生活方式和思维方式的技巧。

《三国演义》里面有这样一个故事，讲的是曹操有一次带兵出征，因为起了大雾，一下子找不到路了，走来走去，整个队伍就迷路了，更要命的是，找不到水源，队伍里的士兵都渴得口干舌燥，仿佛嗓子都在冒烟了。骑在马上的曹操看到这种情况，心想要是长久这样下去，势必影响了士气，所以就指着前面的一座似隐似现的高山对士兵们说："看到前面的那座高山了吗，那上面全是梅子！"士兵们听到耳朵里，一下子都想起那种甜甜酸酸的水果来了，顿时就流出了口水，口渴的感觉一下子就没有了。曹操趁机指挥军队一口气向前行进了50多里路，终于找到了水源。这就是历史上有名的望梅止渴的故事，曹操利用梅子这一虚幻的事物，收到了一种解渴的效果。

上面提到的是一种积极的"他暗示"，也就是别人的暗示。通常意义上的积极心理暗示，一般指的是"自我暗示"，即自己对自己的一种鼓励。这种自我暗示，形式有很多，可以在心中默不作声地进行，也可以旁若无人地大声吼出来，还可以把它写在日记里面，每天都看一遍，当然编成歌曲唱出来也是很好的方法。不管用什么样的方式，只要坚持每天练习十几分钟，熟悉自我肯定的意义，就能抵消以前的消极思想，让我们变得越来越积极果敢。在这种积极暗示下，我们就能改变不如意的现实，开创一个更加美好的明天和未来。

在《启动心的力量》这本书中，露易丝·海是这样描述积极的心理暗示的：

过去的事已经成为了记忆，怎样看待它取决于你自己。我们拥有的是现在，现在我们有感觉，现在我们在继续生活，今天我们所做的一切决定着明天。我们不能在明天做什么，也不能在昨天做什么，我们拥有的是今天，重要的是我们现在选择什么样的思想和信念，选择说什么样的话。

当我们有意识地控制住了自己的思想和语言，就是找到了塑造生命的工具，我知道，这听起来似乎很简单，请记住：我们的力量就在此刻。你的心灵没有控制你，而是你控制着自己的心灵，更高的自我在控制着你，明白这点很重要。你可以停止旧的思想，如果旧的思想又回来对你说："改变真难。"试图要从精神上控制你，请对自己说："我现在选择相信，对我来说，改变很容易。"请不断地默诵这句话，让旧的思想知道你是主宰，你真的像自己所说的那样。请把你的思想想象成水滴，一个思想或一滴水显得很少，当你一遍又一遍地自我暗示某种思想时，你会发现，一开始，就像水滴把地毯弄湿了，后来变成一盆水、一个池塘，然后不断增多，变成一个湖，最后变成了汪洋大海，这是个什么样的大海呢？是不能游泳的臭水塘，还是清澈蔚蓝、让人看了就想跳下去畅游的大海？许多人总对我说："我不能停止思想。"我回答："可以，你能做到。"记得吗？你经常拒绝积极的思想，你只要告诉自己，你要停止消极的思想，我不是说让你和自己的思想作斗争吗？当消极的思想出现时，你只要对它说："感谢你的参与。"这不是拒绝，而是不把力量浪费在消极的思想上，告诉自己，你不再用消极的态度去思想，你要为自己建设新思想，不要和自己的思想作斗争，请认识并超越它们，不要沉迷于消极思想中，然后，你将会超越生命。你是美妙生活的体现，生活正等待你去挖掘它的美好和价值，宇宙间的各种智慧都是你的，请用这些智慧来帮助自己，请相信，你身上有一种力量，随时为你提供帮助。如果你觉得害怕，请将注意力集中在呼吸上，呼吸是你生命中最有价值的事，你自由地拥有呼吸，你的一生都充满了呼吸。

也许你会毫不犹豫地承认呼吸很有价值，却怀疑生活能否为你提供必需的一切，现在是时候了，请认识自己的力量和聪明才智，请深入自己的内心，寻找你是谁？

看了这些内容后，我们就知道，要想成功，就需要我们不断地进行心理暗示，以此发掘心灵的力量。

面对困厄，要有"直挂云帆济沧海"的乐观心态

人生之路不会一帆风顺，有晴天时的万里阳光，也有阴天时的乌云压顶。顺遂的时候固然要高兴，但面对困难和厄运的时候也不能沮丧失志，要有"直挂云帆济沧海"的乐观精神，这将会驱散我们心中的厄运阴影，使我们直面眼前的不顺，使我们坚强起来，乐观地面对。在战略上蔑视它，战术上重视它，困厄没有什么了不起的，咬咬牙也就过去了，做好手中的每一件事情，就是迈出了摆脱困厄的第一步。

不顺是很正常的，没有谁能被上帝永远眷顾

困厄，即指困苦艰难，比喻人所遭遇的艰苦困难的境遇。困厄是人们在生活中最不希望发生的，但困厄不会因人的不希望而永不发生。一句歌词唱得好："人生路上难免悲喜和苦忧，要勇敢地抬头。"在人生的路途中，没有人能够得到上帝永远的眷顾，遭遇不顺是在所难免的，一个人应该对困厄的发生和处境有一个清醒的认知。

有时候，在困厄发生时，一些人不禁心生抱怨，认为这是上苍的不公。

他们总是在心里追问：为什么我要经历这些坎坷波折？为什么有人就会一帆风顺？为什么我不可以平步青云？这些坎坷是上苍对我的惩罚吗？这无疑是一种悲观的心理意识，一个人将人生困厄归结为"上帝的惩罚"，其在心里形成的思想认识便是对生活的绝望。一个心生绝望的人，将永远生活在悲愁与痛苦中，何谈人生之成功！甚至，这些人会因为对生活的沮丧而丧失生活的勇气，做出轻生之举。

在某网站上曾经讲述过这样一个极具悲剧性的故事，这个故事的主人公是张某。张某是就读于武汉大学的一个博士生，他自小学习成绩极为优异，凭借着自己的刻苦与聪慧，在中考、高考、考研与考博中一路过关斩将，可谓学业有成。张某一直为自己的成绩与成功感到骄傲，尤其在考上博士研究生之后，他闭上眼睛都会看到自己无限光明的未来。张某一直认为自己是上苍的宠儿，自己的人生将会永远一帆风顺、无灾无难。可是再怎样也无法让张某预料到的是，自己的博士研究生毕业论文竟然一直无法准许通过，论文无法通过，便不能名正言顺地毕业、不能获得博士学位，这对张某而言无疑是巨大的打击。在延迟毕业的第二年，张某的毕业论文再次被否认，当时导师对他说某些论述与调研不够深刻，不具现实意义，希望他回去再深入研究一下。

可是此时的张某却感觉到心灰意冷，再也没有了当初意气风发、信心百倍的昂扬斗志。他觉得："我本该顺利毕业，而后去开拓我的辉煌人生的，为什么老天要让我遭遇如此困境？我的人生怎么就会变得如此不顺呢？"这些悲观的想法让张某感到前途无光，感觉自己二三十年的奋斗全部失去了意义，第二天早晨他便跳楼自杀了。

张某自杀事件立即在社会上引起了广泛的关注与重视，引起了社会公众，尤其是青年人对如何应对困厄的深度思索。其实与张某一起因论文不合格而导致不能如期毕业的学生还有两个，但是他们都认为这种情况实属寻常的人生经历。面对记者，张某的同学李某说："论文没有通过算不得什么，人这一辈子怎么可能不经历任何波折呢？人总要经历这样那样的不顺的，面对这些，如果不能坦然接受、正确地面对，那还怎么生存呢？至于毕业论文，我按照导师要求的去修改，总会有通过的一天的。"第二年，张某的同学李某的博士毕业论文便获得了通过，成功地取得了博士学位。与此相比，张某却再也没有实现人生梦想的机会了。

现在反思张某的自杀事件，其悲剧发生的根本原因就在于，在之前的一帆风顺与现在的困境不顺所形成的巨大反差中，张某对困厄导致的逆境所产生的偏激认识，由此生成了极度的悲观绝望心态。如果张某能够以正确的认知去分析困境，在不顺的境遇中积极地寻求出口，他的人生一定会是另一番多彩多姿，一定会继续最初的辉煌理想。就如李某所言，人的一生总要经历这样或者那样的不顺，这些不顺都属于极为正常的事情，是一个人所要必须面对的生活。一个人如果不能以平和的心态去对待这些常理之中的逆境，永远也不可能获得成功的人生。

有两只青蛙一同落进了一个大牛奶罐子里，虽然里面有少量的牛奶，短期内不会使青蛙饿死，但很难再跳出牛奶罐子了，对两只青蛙而言无疑是灭顶之灾。这时，其中一只青蛙心里想："哎，我怎么会这么倒霉呢，怎么会有如此不顺的事情发生，看来我的末日到了。"这只青蛙从此不吃不喝，困死在牛奶罐子里。而另一只青蛙却对自己说："没关系，我每天什么地方都去，掉进这里也是很正常的。我是最擅长跳跃的，一定可以跳出这只铁罐子。"于是这只青蛙每天都喝很多牛奶，然后努力地向外跳。尽管它一次又一次地失败，但它仍旧对自己说："跳不出去也是很正常的，我要加油，早晚会跳出去的。"就这样，它一次比一次跳得高，最终跳出了牛奶罐子。

第一只青蛙认为困厄是灭顶之灾，它坐以待毙，最终死亡；第二只青蛙认为困厄是常理之情，它不懈努力，获得新生。从两只青蛙的不同结局，足可窥见：以正确的态度认知困厄，是人生反败为胜的法宝。

以正确的态度认知困厄，就要懂得挫折与逆境不是上帝对你的惩罚，而是上苍对你的考验。人的一生就像在一个大考场中参加考试，不可避免地会遇到各种各样的难题，这些难题是人生对你的能力与品性的考验，只有坚定自我、从容应对、通过考验的人，才会在这场大考试中取得优异的成绩，成就辉煌的人生。

以正确的态度认知困厄，就要能够以笑看云卷云舒的心态去应对困厄，当你身处顺境之中时，不要认为自己是上帝的宠儿就可以一帆风顺、前途无阻，面对顺境，你要随时做好接受挫折考验的心理准备；当你身处逆境之中时，不能认为自己是被生活遗弃的失败者，你要知道这世上唯有自弃之人才会沦为人生的失败者。

尤其是在面对突如其来的困厄时，你更要保持一种平衡的心态：之前你所经历的一帆风顺是正常的，这瞬间而至的困难艰苦更是正常的。一个人不会真正被上帝遗弃，更不会永远被上苍庇护，你要懂得人生于世，唯有自我坚持才会赢得成功的青睐。

战胜困厄，你还可以再进步

美国作家海伦·凯勒说："虽然世界多苦难，但是苦难总是能战胜的。"海伦·凯勒，这个名字我们都不陌生吧？她的《假如给我三天光明》震撼着多少人的心灵！谁能够想象，一个盲、聋的残障女子在其成功的人生背后要经历多少难以想象的困厄？

海伦·凯勒，以优异的成绩毕业于美国哈佛大学拉德克里夫学院，成为世界知名的残障教育家、女作家、慈善家、社会活动家。在海伦·凯勒88年的人生之旅中，有87年的岁月是在无声、无光中度过的，可是她在一生中写出了14部闻名世界的作品集，并且为社会残障教育和慈善事业做出巨大贡献。你能想象她在求学之路上是如何学会英、德、法等多种语言、出色完成文理等多个学科的学习任务的吗？你能想象她在人生发展中是如何突破种种障碍、走向精彩生活的吗？举两个最简单的例子，常人学习几何，能眼看着绘画来分析各种图形，即使如此，也经常对那些深奥的定理、公理理解不透彻。而海伦·凯勒看不见、听不到，完全借助自己和老师沙莉文手工制作的各种模型去学习这些深奥的定理，而她克服种种障碍，从最初的一直不及格，到最后几何一直考为全班的最高分，对于海伦所经历的困厄无须——陈述，我们也能感受到那其中极度的坎坷与艰辛。

面对常人充满惊异的赞赏时，海伦·凯勒只是平静地说："这些在常人眼中极具挑战性的困厄，对我而言，的确存在着难以克服的障碍。但是，难以克服不等于不可克服，我相信这个世界没有不能克服的困难，并且每克服一个困难，我们就会在困难中再前进一步。其实，这人生之中的种种困厄，就是帮助我们铺筑成功之路的阶梯，只要我们勇敢地战胜困厄、走过一个又一个的障碍阶梯，我们最终会站在生活的高处。我一定要一步步跨过这些困厄之阻，只是因为我不想让自己的人生止步不前而已。"

　　海伦·凯勒的话，无疑给我们的人生渗透了一个哲理启示：人只有战胜困厄，才会再度前进。在我们的生活中，与海伦·凯勒相比，我们所经历的挫折、艰辛是多么地微不足道！那么，我们有什么理由在困难面前止步不前呢？就如海伦所言，困厄就如同促进我们前进的阶梯，在挫折与困苦面前，只要我们有勇气去战胜困厄，我们就会获得人生新的进步。

　　世界著名作家布莱克说："水果不仅需要阳光，也需要凉夜。寒冷的雨水能使其成熟。人的性格陶冶不仅需要欢乐，也需要考验和困难。"困难是人生的考验，是对我们的历练，"不经历风雨怎能见彩虹"，这简单易懂的道理便是对人生困厄最透彻的诠释，不经历人生风雨的历练，我们便无法获得新的飞跃和辉煌的发展。

　　总而言之，战胜困厄可以再进步，因为困厄可以锤炼一个人的意志，可以培养一个人的能力；困厄可以造就一个人的风度与气质，可以开拓一个人的视野与阅历；因为困厄之中隐匿着给予，困厄本身就是一座天梯，战胜困厄、征服困厄、超越困厄，就可以发掘出其艰辛背后所隐匿的甘甜，便可以跨越天梯，在人生之路上再向前跨进一步。

　　战胜困厄，需要一颗从容不迫的心，洞察客观处境。在困难面前，首先要做到处变不惊、临危不惧、风雨无阻，才可清晰地认清客观际遇，分析出造成困厄的原因，寻求到解决困难的方法。这要求人既要能宠辱不惊，更要能忍辱负重。

英国哲学家罗素说："遇到不幸的威胁时，认真而仔细地考虑一下，糟糕的情况可能是什么？正视这种不幸，找到充分的理由使自己相信，这毕竟不是那么可怕的灾难。"当陷入挫折所导致的困境中时，唯有冷静地思考，唯有顽强地忍耐，才可能依据并利用现实条件开拓出一条突破困境的途径。

战胜困厄，需要有一个坚定不移的信念，面对阻碍永不言弃。在困厄之中，人必须心怀希望，信念是促使人奋进拼搏的动力之源，是指引人勇往直前的导航目标，无论遇到怎样的挫折打击，只要信念犹存，便可拥有重见天日的希望与力量。

法国著名作家马洛的儿童小说《苦儿流浪记》，讲述了一个小男孩战胜困厄之境、赢得美好生活的故事。这个小男孩名字叫作雷米，小时候与父母失散，被养父卖给了江湖艺人，后来他逃离了这个江湖艺人，历经磨难找到了自己的亲生父母，回到真正属于自己的家园。小雷米在每一次陷入困境之中时，都会鼓励自己说："我不能在这里结束自己的生命，我一定要找到我的爸爸妈妈，只要我勇敢地生活下去，我一定会回到爸爸妈妈的身边。"

小雷米在这种信念与信心的鼓舞下，最终战胜了困厄，留给我们的深刻启示便是：信念即为希望，是鼓舞人战胜困厄的能量源泉。

战胜困厄，需要有一种顽强坚韧的精神，勇于和困厄拼搏。这一点无须多言，在艰难困苦面前，人要有一种勇往直前、敢于拼搏的精神，唯有拼搏才可进取。以坚强去守护信念，以坚韧去迎战困苦，才会拨得云开见月明。

在生活中，困厄就如同人生道路上的一座座山峰，它们高耸而立，阻碍着我们前进的路途。但只要我们翻越了这一座座山峰，便会不断地向前进步，便会有"会当凌绝顶，一览众山小"的感觉。

挑战自我，激发无限潜能

俗语说："骏马是跑出来的，强兵是打出来的。"精彩人生，就是人不断地进行自我挑战的过程，人的潜能是可无限激发的，唯有自我挑战，才可不断激发自身潜能，不断完善、提高、历练自己，使自己一步步走向成功。一个人要相信，这个世界上没有天生的天才，只有后天而成的英才。而英才形成的过程，不是像神话与传说中的奇遇一样等待谁给你一本"武功秘籍"，或者等待谁给你一颗开启慧根的"灵丹妙药"，英才的形成是一个历练的过程。这个过程，就是一个人不断通过自我挑战进行自我完善、自我塑造的过程。只有经过这样一个过程，人才可能将自身的潜能无限激发，将自己的才智发挥到极致，从而开拓出属于自己的人生辉煌，获得属于自己的人生成功。

这个自我挑战、激发潜能的过程，会伴随着或多或少，甚或难以承受的困厄、磨难。有一句格言说："失败者任其失败，成功者创造成功。"这句话充分告诉我们，一个真正拥有成功的人，是需要用自己的双手、自己的智慧、自己的才干、自己的勇气与毅力去打造成功的，如果在挫折、失败、困厄中自甘堕落、承认挫败，便永远也无法走近成功的耀眼光芒。而自我挑战精神，是人在困厄中坚持自我、奋勇直前的必备精神。有这样一个寓言故事。

　　有两只草虫在一棵草叶上休息，这时它们望见对面的一棵大树上长着一枚鲜红的果子。这个果子很大，红润而有光泽，看一眼便使得它们流出了口水。可是这枚果子长在对面那棵大树的树顶上，这棵树非常高，而其树干挺直光滑，像它们这样的草虫是很难爬到树顶上去的。其中一只草虫说："你看，那枚果子一定好吃极了，我们爬到树顶上去吃那枚红果子吧。"另一只草虫扭动一下肉乎乎的身体说："你不要白日做梦啦，我们根本不具备攀爬大树的基因，更何况那棵树这样高，不等吃到果子，我们两个恐怕早就累死了。"可是第一只草虫不以为然地说："我们认为自己不能爬上大树，那是因为我们从来都没有尝试过。我不想只做每天都在草叶上爬来爬去的虫子，我也要爬到大树上去看远处的风光、吃新鲜的果子。我相信，只要我坚持一点点地向上爬，总会爬到树顶上去的。"于是，这只草虫离开了草地，向大树爬去。因为体能有限，它每爬一段距离就会感到体力不支，好几次都差点从树上摔下来。可是，这只小小的草虫一直没有放弃，它爬累了，就停在树干上休息一会儿。就这样，它停停歇歇地向上爬，两天以后，它明显感到自己体力大增，每次休息的间隔时间越来越长了。第三天晚上，这只草虫成功地爬到了树顶，吃到了这枚鲜美的红果子，并看到了远处的好风光。从此，这只草虫改变了自己只能生活在草地中的命运，成为一只可以像大毛毛虫一样在大树顶端生活的虫子。而另一只草虫一生都寄居在草叶之上，羡慕着它的同伴的"壮举"。

　　在这个寓言故事中，一只小小的草虫不相信天生能力的局限，勇于进行自我挑战、自我超越，坚信潜能的可塑性与可激发性，最终培养了自己不同寻常的攀爬能力，实现了自己的人生梦想。生活之中，我们就如同这两只草虫，如果我们不想像那只胆怯的草虫一样，成为止步不前、没有成功突破的困守者，那就勇敢地进行自我挑战、激发潜能、开拓成功吧！

挑战自我、激发潜能，就要敢于冒险，勇于进取开拓。这首先需要有一种超强的自信心理与一种顽强拼搏的毅力。同时，我们必须要清醒地认知一个问题，就是敢于冒险而不是盲目冒进，这里所说的冒险是要求我们在机遇到来时，以十足的自信心去把握机遇；在困难发生时，以坚毅的魄力去挑战困难；千万不可在机遇面前左顾右盼、缩手缩脚，更不可在困难面前望而却步。一言以蔽之，挑战自我、冒险前进，就是要尽可能地为自己争取成功的机会与条件。就像前面所讲述到的那只草虫，如果它在看到红果子的时候，和同伴一样因顾虑重重而畏缩不前，在奋进的过程中因为困难阻碍而选择放弃，最终它还能成就自己的"辉煌壮举"吗？

挑战自我、激发潜能，就要在前进的基础上再前进一步。在人生前进的道路上，不要因为一时的进步与成功骄傲自满或故步自封，更不要以为这就是你所能达到的极限，你要相信你的人生中"只有更好，没有最好"，你今天能够翻越一座岭，明天还可以翻越一座山，在翻越一座山之后，你还可以继续翻越一座座更高的山峰。当你站在更高的山峰上回首时，你便会发现你之前翻越过的那座岭是多么的矮小，你就会庆幸当时你没有因为翻越一座岭的喜悦而满足、止步。你会发现，人生之巅中永远没有"珠穆朗玛峰"，有的只是越行越远的前行者的脚步。

世界重量级冠军詹姆士·柯比说："你要再战一个回合才能胜利。碰上困难时，你要再战一个回合；战胜一局时，你还要再战上一个回合。"人的一生就像走楼梯一样，每一个阶梯的跨越只是给你提供一个暂时的休息，以帮助你迈向更高的一层。如果你站在最初的几级阶梯面前便沾沾自喜，那么你永远也无法爬到楼顶。

挑战自我、激发潜能，就要相信自身能量与潜力的无穷发掘性、相信"压力塑造人生"。有一句俗语说："井没压力不出油，人没压力轻飘飘。"在压力面前、在感觉不可突破的障碍面前，你一定要相信"我能行，我一定可以做到"。如果仍然将人生比喻为爬楼梯，你在爬了几层之后，可能会感到疲惫不堪、一步都走不动了，可是这时如果你咬咬牙、挺挺腰，就还可以再爬几层。歌德曾经说："人的潜能就像一种强大的动力，有时候它爆发出来的能量，会让所有的人大吃一惊。"

直面困厄，逃避是弱者的行为

有一句哲言说："海浪为劈风斩浪的航船践行，为随波逐流的轻舟送葬。"当人生经历狂风暴雨，遭遇激流险滩阻碍航程之时，如果我们能够乘风破浪、勇往直前，定能"直挂云帆济沧海"；如果我们畏惧风暴、恐惧艰险，等待我们的一定是被风浪吞噬、断送前程。在人生旅途中，当困厄发生，唯有勇者才可突破困境、开创新生；畏缩逃避的弱者，将永远沉浸于困厄所酿造的痛苦中，无法走出低谷深渊，更无法实现梦想、获得成功。

《启迪》中曾讲述过这样一个哲理故事。有一群人经常到深山中去打猎，一天，一个人不小心掉进了山中的一个深洞里。这个人的右手和双脚都摔断了，唯一可以灵活运用的就只剩下一只左手。这个洞非常深，就算一个手脚健全的人都很难从里面爬上来。刚开始，这个人想："老天呀，难道这就是我的命运吗？我现在手脚都不能动，根本就不可能爬上去，我走的这条路也没有人经过，看来，我真的要被困死在这里了。"这样想着，他便连呼救都不喊叫了，老老实实地躺在山洞里等待死神的降临。

可是，就在他已经陷入昏迷的时候，他忽然想起了家人，他想："哎呀，如果我就这样死去了，我的妻子找不到我，她该有多地伤心呀！以后，她年纪轻轻的，一个女人带着小儿子，该怎样生活啊！还有，我的老母亲怎么办，谁去赚钱给她治病，谁来养活我的一家人呢？"想到这里，这个男人突然觉得自己不能死去，一定要想办法从这个山洞里面出去。他立即坐起来，用左手在周围拔了一些野草吃，一边吃一边想："对呀，我的右手和双脚不能动了，可是我的左手和嘴巴还可以动啊，我可以凭借我的嘴巴叼着草和树枝爬出去。"于是，在补充好体力之后，他便用左手拽住树根，把藤条放进嘴里，用嘴咬住树藤之后，再松开左手去抓住更高一些的树藤，然后再用嘴巴咬住这些树藤，向高处再前进"一步"。就这样，他一点点艰难地向前移动着，终于爬出了山洞。

当这个男人满嘴鲜血回到家里的时候，一下抱住诧异地望着自己的妻子说："亲爱的，这两天害你担心了吧，我差一点就再也见不到你们了！经过这一遭，现在我终于知道，这个世界上根本不存在什么不可攻克的难关与困厄，只要我们有一颗勇敢的心，我们一定会创造出属于自己的奇迹的！"

在这个故事中，这个坠落山洞的人，面对困境时，前后的两种不同的态度决定了他的生死。如果在山洞中，他一直保持最初的消极状态，对自己所处的困境逃避、妥协，那么等待他的一定是死神的"大驾光临"；幸而，这个人转变了想法，积极主动地向困境挑战，最终成功地突破了困境，获得了新生。

如果将我们人生道路上的一切艰难险阻比喻成这个山洞，那么身陷困厄的我们就如同这个被困于山洞中的人一样，是否能够突破阻碍、获得成功，关键在于我们是否能够直面困厄、坚韧拼搏、奋勇前进。

在这里，我们一起来阅读一个关于著名生物学家童第周的小故事。童第周是闻名于世的卓越的生物学家、教育学家，曾任中国科学院的副院长。他发现了胚胎科学，培育了最新品种的文昌鱼，建树了鱼类胚胎研究的新理论，为社会生物学发展做出了巨大贡献。就是这样一个充满传奇色彩的成功人物，却在人生经历中，差一点与这些辉煌成就失之交臂。这件事的起因要从童第周的求学之路说起。

童第周，出生于浙江鄞县乡村的一个贫苦家庭。从小因为家里贫穷上不起学，只好在家里自学。童第周小时候，一面帮着家里干农活，一面跟着父亲读书认字，他靠着自己的聪明与勤奋学习了很多知识。一直到童第周17岁，浙江省一所重点中学——宁波效实中学要招收插班生，但录取成绩特别高，而且只招收中学三年级的插班生。童第周知道这个消息后，努力拼搏了一个暑假，然后去参加宁波效实中学的招生考试，结果考试竟然合格，被宁波效实中学录取了。童第周成为整个浙江省唯一一个从未上过一天学，却考入重点中学插班年级的学生。

但是，毕竟童第周是一个从未上过学的农村孩子，学校课堂上的很多功课内容是他从未接触过的，使他学习起来很吃力。第一学期，童第周期末考试的总平均成绩只有 45 分，尤其是英语考试成绩更为糟糕，只有 20 多分。因为成绩不及格，童第周被学校勒令退学。当时这个结果对于童第周来说，无异于晴天霹雳。当时他真的以为自己的求学梦就此破碎了，可是就在他收拾好行李准备离开宁波效实中学时，脑子里突然闪过一个念头："不行，我要再试一试，我就不相信自己不能突破这一阻碍！"于是，他放下行李来到了校长办公室。童第周流着眼泪请求校长再给自己一次机会，并承诺说："如果下个学期我的成绩仍然不及格，我会自动退学。"就这样，学校又给了童第周一次留校考查的机会。从这天起，每天天不亮，童第周就会到校园的路灯下面读外语；晚上同学们都休息了，他仍然站在操场的路灯下补习功课。当夜里路灯熄灭之后，童第周就躲到厕所外的灯下学习。当时，童第周的刻苦精神感动了很多老师和同学。第二学期，童第周的期末平均成绩达到 70 分，其中几何 100 分，英语 60 多分。

在回忆起这段往事的时候，童第周说："当时的处境对于我来说，确实苦难重重，尤其在接到学校勒令退学的通知后，我真的以为这一困厄是对我命运的宣判，我无力改变。但我立即想到，如果连这一点困难我都没有勇气去战胜，又如何去谈人生理想呢？在我以后的科研试验中，每当我遇到困难与阻力，我都会想起这件退学事件，便会以此鼓舞自己去战胜困难。"

童第周的一番话，给我们深刻的启迪：人生路上，困厄无处不在，只有勇于面对困厄、坚强奋进的人，才有可能去开启成功的门扉。因而，我们一定要记住：在困厄面前，畏缩逃避是怯懦者的行为；真正的成大事者，必须具有直面困厄的信心、毅力、勇气！

没有什么不可能，只是没找对方法

胡适有一句名言说："大胆假设，小心求证。"留给人们的哲理思考就是：打开禁锢思维的定式与禁锢，大胆尝试、探索创新，在尝试与探索中寻求解决问题、实现目标的方法与途径。正所谓"世上无难事，只怕有心人"，无论遇到多么大的困难与阻碍，无论经历过多少次挫折与失败，你都要相信：没有什么事情是不可能做到的，只要坚持不懈、寻求探索，不断积累经验、尝试新方法，就一定会找到实现目标理想的途径。正如华罗庚的名言所讲："困难也是如此，面对悬崖峭壁，一百年也看不出一条缝来，但用斧凿，能进一寸进一寸，能得进一尺进一尺，不断积累，飞跃必来，突破随之。"

《伊索寓言》中有一个小鳄鱼探索新生的哲理故事。在一个水塘中，生活着一群鳄鱼，它们早已习惯了水塘的宁静与祥和，过着非常舒适的日子。可是，这一年夏天，天气大旱，每天都是烈日炎炎，水塘中的河水明显在一天天地减少。面对这种情形，大家都非常忧虑，担心有一天水被蒸发干，大家无法再生存下去。这一群鳄鱼也梦想着如果自己可以游到一片新的水域多好啊！可因为它们祖祖辈辈都是生活在这个水塘中，虽然知道在遥远的地方会有新的水域，但它们认为自己是不可能长途跋涉，突破风险去寻找到新的水域的，所以这一群鳄鱼就每天都在水塘中哀叹，并且每天都在祈祷上天降雨。

这一天，一只小鳄鱼说："我很小的时候爷爷对我讲过，在一个遥远的地方，有一个比这个水塘还要大几十倍的河塘，我们在这里等待无法预知的未来，不如去寻找那个大水塘吧。"这时，鳄鱼群的长辈们说："小孩子，你真是天真啊！去寻找大水塘，这怎么可能做到呢？我们都不知道它在哪个方向，也许我们还没有见到大水塘是什么样，就早已在无法预知的迁徙中死去了。我们只有在这里等，也许有一天干旱就会结束了；如果干旱一直持续，那这便是上苍对我们命运的宣判结局。"小鳄鱼听了长辈们的话，坚持说："四面八方，总有一个方向是大水塘存在的地方，一个方向走不对，我可以继续走第二个方向，我相信：只要我找对了方向，就一定可以找到大水塘。"说完，小鳄鱼就头也不回地出发了。

后来，旱情愈加严重，水渐渐被蒸发干了，这个水塘中的鳄鱼家族全部灭亡了。唯有那只寻求新生的小鳄鱼，在经历了迷途、艰险等风险之后，终于寻找到了通往大水塘的正确路径，到达了新的大水塘，开始了自己的新生活。

在这个故事中，如果小鳄鱼在最初的抉择中像其他大鳄鱼一样先使自己的希望破灭，那么它还有机会寻得一片新的天地吗？如果小鳄鱼在出发之后的迷途与艰险中放弃希望，那么它又怎能获得最终的成功呢？小鳄鱼的言语与行动告诉我们：成功的路径一定会存在于某一个方向的，我们失败了，只是我们找错了方向；如果我们继续去努力，终究会找到通向成功的正确方向。因而，当我们在为理想奋斗的路途上受到阻碍时，一定要坚信：没有什么是不可能的，只是我还没有找对方法。

相信这个世界没有什么不可能，首先你要敢于"幻想"。

也许有些时候，当你在幻想一些辉煌成功的时候，会在充分享受"幻想"所带来的喜悦与满足之后，无奈地摇摇头对自己说："哎，不要白日做梦啦！就凭我的本事，这伟大的理想根本就是天方夜谭！"那么，请问：爱迪生在发明电灯之前，有多少人认为电灯是一种可能的存在呢？贝多芬在失聪之后，有多少人认为他还能够继续成就自己辉煌的音乐梦想呢？哥伦布在寻找到新大陆之前，有多少人会认为新大陆真的存在呢？如果这些人在当时的情况下，首先因为困境和自身条件的限制而否定了自己的理想，那么，他们还有机会获得人生的成功吗？

所以，请相信，敢于"幻想"的人才有实现"幻想"的可能。但理想不是用来以"幻想"的形式来进行自我精神安慰的，而是我们人生奋斗之路的灯塔，它指引我们克服万难，向着最终的成功奋进。

相信这个世界上没有什么不可能，而后你要敢于"尝试"。

当你的人生因"幻想"而拥有某种愿望或梦想的时候，请你一定要大胆地去尝试，因为"实践是检验真理的唯一标准"，只有经过尝试，你才会知道哪一种方法是正确的，哪一种方式是错误的。当你在对与错的认知中越来越明确时，你便已在一步步地接近成功了。这就如同科学家的实验过程，如果他们没有经过千万次的尝试，没有在这千万次的尝试中一遍遍地纠正误差，怎么可能最终创造出那么多伟大的发明呢？

因此，请记住，尝试才能使幻想一步步走向现实，只有在任何状况下都敢于尝试的人，才有可能一步步接近成功。

相信这个世界上没有什么不可能，我们必须要在各种困境中勇于探索。

实现梦想的路途不会是一帆风顺的，当种种困厄阻碍前途时，你要像创造新生活的小鳄鱼一样，勇于探索，才会找到正确的通往成功的路径。我们知道输血这一医疗措施在现代医学中发挥着极为重要的作用，但是，为了发明这样一种医疗方式，人类曾付出过许多艰辛的努力与巨大的代价。西方医生曾以羊血输入人体，以改变人类性格，结果使输血者在极度的痛苦中死去，从而，医学界知道输血必须要以同类的鲜血作为选择；而后，医学界又经历了许多因血型不符而导致被输血者死亡的悲剧，最后，医学界才探索出了以血型相符者相互输血的科学方法。人类医学界在一次次的失败中，如果认为"输血"这样一种理想是不可能实现的，因而选择放弃，那么现代医学还会获得今天的重大发展吗？

因而，请明确，探索是一个不断寻求、不断发现的过程，更是一个坚韧拼搏的过程；探索需要信心、智慧、胆识，更需要勇气、毅力。唯有在重重困厄中勇于探索的人，才会找到通向罗马的条条大路。

大丈夫，就得能屈能伸

在古书《易·系辞》中说："尺蠖之屈，以求信也；龙蛇之蛰，以存身也。"意思就是说，尺蠖，将身子一屈一伸地向前移动，是为了向前前进；龙蛇将身子团缩起来蛰伏，是为了更好地容身、生存。这句话，启示给后人的哲理便是：人，要谋求生存发展，就要懂得能屈能伸之道。能屈能伸，就是指人在困厄之中、失意之时能够忍耐，以暂时的忍耐等待时机、磨砺自己，以寻求新的发展机会，从而开拓自己的事业、实现自己的理想。

能屈能伸，是人谋事之道、成事之则。经常观看《动物世界》的人都会发现一个有趣的现象，就是企鹅在上岸之前，不是直接跳上岸边，而是先将自己的身体扎入海中。企鹅为什么要这样做呢？这是因为，企鹅需要借助海水的浮力上岸，它在海水中扎得越深，那么海水所产生的浮力将会越大，这样企鹅就可以凭借海水所产生的浮力漂上岸去。可见，企鹅是在以一种以退求进的方式为自己积蓄力量。人，在困境之时的能屈能伸，就如同企鹅在上岸之前的潜水一样，是在为自己积蓄力量、寻求机会的一个过程。

一个人如果没有这个自我整合的过程，就会在困厄之中一味地烦躁、焦虑，以及钻牛角尖的倔强，就只会使自己陷入更深的痛苦，甚至导致恶性结果的发生。此时，人的情绪与思想，就如同一根弹簧，如果此时你一味地去拉这根弹簧，那么弹力到达极限时，这根弹簧一定会绷断；只有你先松开手，让这根弹簧缩回原始状态，你才可以再度将其拉长。弹簧在极限之时，需要一个恢复能力的过程；人在条件限制、时机不对、遇到发展阻碍之时，同样需要一个自我调整、自我完善的过程。有这样一则寓言故事。

一只喜鹊特别善于筑巢建窝，而且对自己的建筑技巧非常骄傲。它总是为自己漂亮、温暖、舒适的"大房子"而感到自豪万分，对麻雀等鸟类的茅草之窝鄙夷至极。可是有一天夜里，一场特大风暴突兀而至，将这只喜鹊所栖居的大树连根拔倒，它引以为傲的"大房子"也摔个粉碎。看到喜鹊失去了家，在寒风中悲伤、战栗，一只麻雀便想帮助这只喜鹊渡过难关。于是，这只麻雀邀请喜鹊去和自己一起住。麻雀对喜鹊说："亲爱的喜鹊，你不要悲伤了，请你一起和我来住这家农夫的草垛吧。等你建好了新房子，你再搬回去。"可是，喜鹊却嫌弃麻雀的草垛肮脏、丑陋，而且觉得自己这样一个建房巧匠，去和一只麻雀住这样的破草垛太有失身份了。于是这只喜鹊不屑一顾地回答说："我不需要你的同情和怜悯，我会在最短的时间内再筑造一所新房子的。"可是因为这些天气温骤降，喜鹊的房子还没有建筑到一半，就冻死在寒风中了。

试想，如果这只喜鹊当时能够抛掉高傲，忍受一下不如意的困境，接受麻雀的好意，那么它最终还会冻死吗？

人要在关键时刻做到能屈能伸，其唯一的方法就是"忍"。一个简单的"忍"字涵盖的是一种非常重要的人生哲理。"忍"是心字头上一把刀，可见忍就要容忍一切常人所不能忍受之痛，这痛包括自身所感受到的悲伤、痛楚，也包括外界所投射的压力、议论，乃至屈辱。

简言之，能屈能伸，就要做到：忍辱负重、忍气吞声、忍痛蛰伏。在困厄之中，以忍耐应万变、以忍耐伺时机、以忍耐谋上进。正所谓，大丈夫能屈能伸，方能成就伟业。从古至今，凡成大事者，都必备一种能屈能伸的坚韧精神，都能在所处困境中表现出一种超强的隐忍力。

例如，韩信当年能够忍受胯下之辱，日后才成就了将军大业；越王勾践卧薪尝胆 20 余载，才终得重振朝纲之机；司马迁承受数十载宫刑之痛苦，才使得历史上留下一部绮丽的瑰宝——《史记》。而刘备当年因不能忍受失去关羽之痛，一意孤行，大举发兵讨吴，招致兵败，一世功绩终成"白帝城托孤"之憾；项羽在"四面楚歌"之时不能承受一时之败，自刎江边，终使霸业成空。综观历史，类似的例子不胜枚举。再看现代社会，无论在哪个领域，成就人生辉煌、实现人生理想的成功人士，无一不具备能屈能伸之忍。

多年以前，有一个年轻人，一心想要成为一个电影明星。可是这个年轻人贫困潦倒，连买一身西服的钱都没有，因而所有导演都对其嗤之以鼻，很多人都笑他痴心妄想。可是这个年轻人并没有因为他人的嘲笑和自身的困境而气馁。他的拜访求职在一次次地遭遇失败之后，回到家中仔细地思考了一个月。他花费半年时间为自己量身定做了一部剧本和推荐简历。他带着自己的剧本和简历去好莱坞的500家电影公司走访，进行自我推荐。第一轮下来，全部失败；于是他开始第二遍走访，第二轮下来，又一次全部失败。这个年轻人回到家中，继续潜心钻研，修改剧本，并练习自演。一段时间之后，他开始第三轮走访，并在自我推荐中加入了一个自我表演的应试情节。当他在第三轮走访中，走访到第350家公司的时候，终于有了第一家公司留下了他的剧本。几天后，这家公司通知他去参加拍摄，请他出任这部电影的男主角。

这部电影就是《洛奇》，这个年轻人就是世界著名电影明星史泰龙。史泰龙说："当时自荐失败和他人的讽刺，确实给了我很大的打击。我曾想再不提及这个明星梦，老老实实地去做一名工人好了。可是，我又一想，如果连这一点挫折我都不能忍受，还怎么去做明星呢？于是，我停止了自荐，开始了反思和创作，并在此期间外出打工，攒了一笔钱给自己买了一套西装。当时很多人都以为我已经放弃明星梦了，可事实上，我是要给自己一个潜伏期，为了实现我的梦想而做好更充分的准备。"

史泰龙的梦想之路充满阻碍，如果他在受人嘲笑之时失去信心，在几经失败之后放弃理想，他还会成就日后的辉煌吗？史泰龙凭借着一种超强的能屈能伸的毅力和忍耐力，几经蛰伏，才最终实现了自己的人生梦想。

能屈能伸，是一种大智慧，在困境之中给自己一个潜伏期，以退求进，是成功者所必备的一种坚韧精神。

面对贫困，要有"穷且益坚，不坠青云之志"的心态

贫困是一种非常无奈的事情，它可以让人没有生活质量，也让人在某些时候感受不到尊严。假如你此时正处于贫困之中，那么，千万不要丢掉希望，更不能自己丢掉尊严。只要我们在面对贫困的时候抱有"穷且益坚，不坠青云之志"的心态，相信从古至今，那些成就大事的人，在面对贫困的时候，从来没有放弃过自己的理想，那么，贫困也就不可怕了。

果断行动，全力以赴

古人孔颖达说："惟能果敢决断，乃无有后日艰难。"这句话的意思就是说，人在处理事情、进行决断时，只有果断决策才能在最恰当的时机把握机遇、突破困境，才能使预期目标实现最佳效果。所谓果断，就是迅速、果敢、当机立断，而非犹豫不决、拖泥带水、当断不断。

人在生活与人生发展中，一些机遇是可遇而不可求的，当这些机遇出现时，如果顾虑重重、徘徊不决，那么势必会错过最佳发展时机，而最佳时机的错过，则意味着与成功失之交臂。尤其是处于贫困等困境之中的人们，一

个可以使自己突破困境阻碍、突破境遇低谷的机会是多么珍贵！把握住这个可贵的机会，你有可能会从此摆脱贫困、走出困境、走向成功；而错过，你则有可能仍要继续在人生低谷中蛰伏数年，甚至一生。因而，当机会出现时，请你一定要迅速出击、全力以赴，以自己最大的能力去全力一搏。

海尔公司在一次探讨公司发展战略规划的时候，召开了数次股东大会。一次，海尔集团公司的首席执行官张瑞敏，在公司股东大会上提出过一个问题，他说："石头怎样才能在水上浮起来？"听到这个问题后，在场的管理干部及各个部门代表说出了种种答案，他们有人说把石头内部砸空，有人说用木板将石头架起来，有人说这个石头是假设的假石头……面对大家各种各样的回答，张瑞敏说："这块石头是真实的，并且不允许破坏石头，更没有什么木板可以作为辅助条件。"这时，会场的所有股东全部陷入沉默的思考中，他们怎么也想不出这其中可以使石头浮起的奥妙究竟在什么地方。3分钟以后，一位部门经理站起来大声说："速度！"听到这个回答，张瑞敏立即露出了满意的笑容，他说："正确！答案就是速度。《孙子兵法》曾讲述过'激水之疾，至于漂石者，势也'，只有水流的疾速才可以使石头在水面漂起来。如果将我们公司发展的高目标比喻为一块大石头，将外界机遇、风险、竞争比喻为河水，那么公司发展的种种决策、战略、途径以及过程则为水流的速度。如果要使我们公司的高目标这样一块大石头，在激烈的竞争与重重困阻中漂于河水之上，永不沉没，就必须保证我们公司各项策略与行动的速度，只有抢占先机、全力以赴，才能保证我们处于不败之地。"

多年以来，海尔集团之所以能够取得辉煌发展，并一直在电器领域保持领军人的先锋地位，与其"以速度取胜"的经营发展战略具有血脉相依的密切关系。海尔集团首席执行官张瑞敏对"激流浮石"的理念阐述，不仅是谋求企业发展的指引之策，更是谋求人生发展的哲理之言。

　　果断行动，全力以赴，就要不失时机。自古常言"时不我待""机不待人"，在人生抉择的一些重要时刻，犹豫与徘徊总会导致错失机遇或更大的失败。在很多时候，尤其是一个人身处特殊境遇，要摆脱困境的重要时刻，不失时机地果断决策、迅速行动是突破樊篱桎梏、实现人生转机的先决条件。

　　果断行动，全力以赴，就要抢占先机。抢占先机，无须多言，就是要先于别人抓住有利条件。很多时候，成功的机会就如同赛道之上的金牌之位，宝贵而无第二，你要获取这枚金牌，就必须以最快的速度冲刺到别人前面，否则金牌之位将与你无缘。有这样一个冷笑话。

　　有两个人在森林里旅行，遇到了一只老虎。两个人都想快速逃命。这时，其中一个人从背包里取出一双非常轻便的运动鞋，准备换上鞋子再跑。另一个人非常着急地说："你这该死的，干吗呢？还不快跑，还在那儿换鞋子。你无论换什么鞋，也跑不过老虎啊！"这时，换好鞋子的那个人说："我只要跑得比你快就可以了啊！"说完，他穿着轻便的鞋子飞速地向前跑去。

　　很多时候，人生境遇也是一样，当可以摆脱困苦、指引成功的机会来临时，还有很多与你一样的人希望得到这样一个可贵的人生转机，如果你此时因为犹豫不决而使别人先你一步抢占先机，那么你将成为落入虎口的那个人，很难再遇到可以扭转人生境遇的机遇。

果断行动，全力以赴，就要在作出抉择之后永不回头，拼尽自己的全力去为自己的未来"殊死一搏"。

　　在决定实现一个目标的时候，应该是雄心壮志、斗志昂扬的，而这个目标实现的过程肯定会遇到重重阻碍，尤其是在贫困等困境之中顶着压力、越过障碍前进的奋斗者，更是会感觉到艰难重重，但此时你要知晓"开弓没有回头箭"，你要像开弓之箭一样以直中靶心之势实现自己的理想目标，就必须如开弓之箭一样勇往直前。

　　果断行动，全力以赴，就要时刻保持一种"领先意识"。保持领先意识，就是在与别人赛跑的同时，与时间赛跑。常言说"早起的鸟儿有虫吃"，跑在时间前面的人，才更有可能积累人生财富。

　　要知道，财富的积累要有一个递增的过程，而这一点一滴的积累过程需要你用每一分每一秒去创造财富、发掘财富、增长财富。只有勤奋的人才能更好地利用时间的价值，将每一分钟都转换为自己突破贫穷障碍的知识、智慧、才干、资本、条件，从而才可能改写人生，成就自己成功的神话。

欲得其上，必求上上

孔子曾经说："欲得其中，必求其上；欲得其上，必求上上。"孔子之言留给后人的哲理思考便是：一个人想要获得某种成功，就要为自己制定一个比这个成功目标更高标准的要求。因为，在一般情况下，人所能得到的通常都会低于自己所要求的，而"必求上上"的追求目标则是激发一个人实现更高要求的信念与动力，是指引成功的导航与索引。

"欲得其上，必求上上"，是一个人谋求生存发展的雄心壮志。人在事业发展与生活构建中都不可没有雄心壮志，放眼世界与古今，凡是成功的军事家、政治家、企业家、艺术家、科学家，以及不断刷新纪录的运动员、突破吉尼斯纪录的各种参赛选手，他们无一不具有一种"必求上上"的雄心壮志，正是他们以此壮志作为自己的奋斗目标，才使得自己拥有无限奋斗人生的激情与毅力，最终实现了"欲得其上"的梦想。正所谓"不想当将军的士兵，不是好士兵"，不想突破障碍"更上一层楼"的人，永远不会成为生活中的成功者。

"欲得其上，必求上上"，是一个人突破人生发展障碍的动力支撑。人陷于某种困境中时，尤其是受到贫困的困扰与束缚时，走出这种不得志的人生境遇需要一种强大的动力支撑，"必求上上"的奋斗目标便是给予人希望、塑造人毅力的支撑点。如果你想突破贫困人生的障碍，如果你想扭转贫困人生创建新生，你就必须以"创建辉煌成功"的上上之志来要求自己，不断地以此鼓舞自己向着梦想前进。

简言之，"欲得其上，必求上上"，是激发一个人挑战困境并战胜困境之能量的催生素。有一本书叫作《把斧头卖给美国总统》，作者在这本书中阐述了一个观念："如果你有强烈的成功欲望，那么你一定能够成功。"这个观念所讲述的道理就是：强烈的成功欲望是促使成功实现的先决条件。人之所以平庸，是因为自己没有突破平庸的"大要求"；人之所以贫穷，是因为自己没有扭转命运的"大梦想"。你要相信一句话："不是奇迹创造了人，而是人创造了奇迹。"

著名画家任伟，曾于 2007 年出版了大型画集《中国当代画家翰墨精品集》，并被收录于《中国艺术名家》。这位成功的画家顿时成为社会公众所关注的焦点。很多人都认为任伟一定从小就生活在一个条件极为优越的家庭环境中，才使得他能够具有学习绘画的一切物质条件保障和艺术条件熏陶。但是，令大家意想不到的是，这位著名大画家完全依靠自己的勤奋与斗志，在贫寒的生活中开创出属于自己的精彩天地。任伟说："我的成功秘诀就在于：必求上上。我一直都是用更高的标准来要求自己，并相信自己可以做得更好。"

任伟，1960 年生于乐至县一个贫寒人家。自小喜欢绘画，可是家里却没有富裕的经济条件来实现他的绘画心愿。但是，任伟一直没有放弃自己的绘画梦想，也没有因为贫困条件的限制而失去实现梦想的信心。任伟靠着自己打工、做零活赚来的零花钱去报名参加了县文化馆的美术培训班。面对很多人的质疑，任伟说："我一定可以成为一个优秀的画家！"当时很多人都认为这是一个小孩子的"玩笑话"，要知道艺术这条路是充满艰辛的，这样一个穷苦人家的孩子，怎么可能实现如此远大的理想呢？

中学毕业后，任伟下乡当了知青，1978年任伟参军回城。这期间，他一直没有忘记自己要成为画家的梦想，在业余时间刻苦练习绘画，并且他的很多作品在艺术团和当地文化团刊登并获奖。当时，县城知道任伟的人都称他为"小画家"，并且他的名气越来越大。但是，任伟并没有因为这些小小的成就而感到知足，他对自己说："我要做的不是我们省、县的画家，我要成为全国的知名画家。"1982年，任伟回到地方，在乐至县文化馆做专职美工，这时，家里人都对他说："好样的！这下我们家任伟就可以实现自己的艺术梦想了。"可是任伟却笑了笑说："这才是我梦想的起步而已，我的梦想正在高处向我招手呢。"而后，任伟自修了大专文凭，并且将自己的画艺进一步精湛，这期间，他的作品多次在全省美术大展上获奖。1994年，任伟成为四川省美术家协会会员，之后任伟进修中央美术学院。不断的进步与不断的新要求形成一种极好的良性循环，使得任伟的绘画风格与艺术技巧已臻化境，最终不仅成为了中国著名的工笔画家，而且在世界享有声名，他的作品被日本、新加坡等国家特别收藏。

目前，任伟在取得这些令世人瞩目的巨大成功之后，又给自己提出了新的目标，他要给自己的艺术生涯再造第二个高峰期。面对记者采访，任伟说："自古云：求其上上，得其上；求其上，得其中；求其中，斯为下矣。只有不停地督促自己，才能实现更高的理想追求。"

任伟，在年少的贫寒阶段，给自己制定了一个积极上进的奋斗目标，立志成为一名画家；在之后的奋斗道路中，不断给自己的奋斗理想加码，以此铺垫出一个个崭新的、更高一级的阶梯，使自己一步步走向成功的高峰；在登上成功的高峰之后，我们看到，任伟又向自己制定了超越自我的巅峰冲刺，我们相信凭借他这种"必求上上"的奋斗精神，最终会实现自己攀登巅峰的人生理想。

任何一个人，身处顺境时，应不忘有效利用自身的优越条件去追逐人生梦想；在身处逆境，尤其是被贫穷困扰时，更应该给自己制定一个能够扭转人生的"上上追求"。在人生的航船中，如果你想到达航程的中游，就必须按照上游的标准去做；如果你想到达航程的上游，就必须按照上上游的标准去付出。

"欲得其上，必求上上"，就是要求你以主动进取的精神去对待人生，以主动进取的精神去完善自我，以主动进取的精神去创新生活。

不放弃自我，天助自助者

古人言："欲得天助，必先自助。"意在强调人的自强不息、奋发图强的意志的重要性，尤其是在面对贫穷、困苦、挫折与失败等艰难的人生境遇时，永不言弃的自我坚持、自我鼓励、自我救助的奋进精神显得更加尤为重要。《圣经》中有这样一个故事：

在非常久远的远古时代，发生了一次极具毁灭性的洪水灾害。当时，亚当制造了诺亚方舟来救赎人类。当洪水泛滥时，诺亚方舟停在了水中，很多人都争抢着想尽办法冲到洪水的激流中，登上了诺亚方舟。还有一些人因为不能到达诺亚方舟上，就临时攀登到了高高的大树上，以求暂时躲避洪水。登上诺亚方舟和攀登到大树上的人，最终都获救了，当洪水退去以后，他们又重新回到自己的家园，重新创建了自己的生活。

可是，还有另外一些人，他们在洪水到来之时，没有做任何的逃生行动和努力，而是跪在地上一个劲儿地祈祷，希望万能的上帝可以来拯救他们。结果，这些人全部被洪水淹死了。当这些人死后，见到了上帝，他们无不抱怨说："亲爱的上帝啊，我们那么虔诚地祈愿，那么信仰你，可是在我们遇到危险的时候，你为什么不来拯救我们呢？"上帝听后，平静地说："我派亚当制造了诺亚方舟去拯救人类，告诉大树做你们暂时规避洪水的避难所。而你们在洪水到来之时，有船不知道自己登上船舱，有树在你们面前，你们也不知道爬到树上去躲避洪水。你们还想要我怎样去救助你们呢？"

这个故事充分讲述了天助与自助之间的关系，当人生的灾难与困难如洪水一样，将要吞没生活时，你需要做的是尽己所能地去寻找自己的"诺亚方舟"和"大树"，以自己的努力去与困境抗衡，寻找出路；等待或祈愿其本质属于一种妥协和放弃，以这样一种心态在逆境中求生，结果只能是自断前程、自我毁灭。

常有人说："生死由命，富贵在天。"这是一种消极的宿命论，在贫穷、挫败等诸多困境中"听天由命"，是自我放弃、自取灭亡的悲观心态。如果你不想成为臣服于人生贫困境遇的败者，就不要在不尽如人意的人生境遇中以这种"天命论"的消极观念来作为自己放弃理想、放弃拼搏的理由。放弃自我，是懦弱者的表现！无论在任何情况下，你都要记住："不放弃自我，天助自助者。"

不放弃自我，就是要求一个人要敢于做自己的救世主。当你面临贫穷、疾病、挫败等人生发展障碍时，你首先要认清自己的所处状况，而后充分发掘自身一切可以利用的条件，并同时创造一切突破困境所需的条件，依靠自己的力量和一切自己可开发的力量去救助自己。而不是等待天赐良机，更不能轻易放弃。

人唯有自己才可以救赎自己。

不放弃自我，同时要求一个人能够将"自助"与"天助"完美结合，即在自己的努力下去寻找他助。要知道，有时候一些困境单单依靠一个人的自身力量是很难突破的，很多时候你需要依靠他人的帮助，依靠外界的力量去实现自身突破。这时，你要能够清晰地分析清楚自己可以争取、应该争取的外界援助，以自己的努力去争取到这些可以依靠的外界力量和可以借助的外界条件。但去获取外界援助的首要前提，依然是"自我努力"。

有两个车夫各自赶着一车货物行驶在一条泥泞的小路上。因为道路过于泥泞，两个人的驴车都陷入了泥坑中，因为车上货物过沉，他们怎样也没有办法将货车拉出来。于是他们两个人都各自想办法，想要把车子从泥坑中弄出来。这时，他们都想到传说中的天使可以有求必应，帮助人们走出困境，于是他们都祈祷天使来救助他们。不同的是，其中一个人跪在地上，什么都不做，虔诚地祈祷天使的救助；而另一个人则在地上画了一个十字，然后一边祈祷天使到来，一边从车上向下搬卸货物。当他将一车货物搬卸完毕后，天使真的来了，笑着对他说："现在我可以帮助你将车子拉出来了。"此时，另一个人忙站起来说："天使啊，我一直在祈祷你的到来，你应该先帮助我啊！"这时，天使回答说："他一直在努力劳动，为把车子拉出而搬掉了所有货物，我因被他感动才来相助；而你，则什么活都没有做，还想让我先帮助你这个被动的懒汉吗？"

这个故事告诉我们：天助自助者，要想寻求外界的救助，首先要通过自己的努力去获得他人的认可，使得他人愿意助你一臂之力。

再者，不放弃自我，要求一个人能够在贫困等困境中抓住自己人生的转折点，积极主动地把握住自己的人生机遇，发掘一切可以发掘利用的机会，去重塑自己的人生。

与其速亡，不如精彩地活着

人生之中，有时候很多境遇是不由我们选择的，比如我们在此所讲述的贫困，再比如疾病、挫折、灾难以及各种不测风云，在这种种充满磨难与考验的人生境遇里，我们希望它们能够改变、希望一切都可以以力挽狂澜之势得以扭转，但是在这个与境遇抗衡的过程中，人与人的心态却是完全不同的。有人会心生抱怨，每日将自己陷入一种不平衡心态所导致的痛苦中；有人心生绝望，认为境遇之困阻是不可抗拒的"天命"，因而消极度日、等待命运的宣判；有人则在贫穷及痛苦中构建希望，相信人定胜天，努力地向上攀登、再攀登；有人虽知境遇难改，却以积极乐观的态度勇敢地迎接一切磨难与痛苦，在人生的尘埃中绽放自己的精彩。

纵观不同人们对待特殊境遇的态度，你属于哪一种呢？如果你不能确定自己的心理状态，那么请你试着问自己一个问题：当贫穷成为你人生发展的障碍之时，你愿意选择将自己的人生就此埋没、让自己的生活陷入绝境，以绝望的心态等待命运对你宣判"死刑";还是愿意选择为自己的人生拂拭尘埃、磨打光芒,使自己生命的每一分钟都尽可能地绽放出夺目的光彩?前者只能在悲愁中速亡,后者才更有可能创造新生,即便后者仍不能使你成就辉煌伟业,也足以获得属于自己的别样精彩,使你的一生脱离痛苦的深渊,并且获得无怨无悔的满足。因而,聪明的你,一定会做出一个正确的抉择:"与其速亡,不如精彩地活着!"

在贫困境遇中精彩地活着,就要由自己决定自己命运的颜色。生活是什么颜色的?也许你会说:"一帆风顺、意气风发的生活是多彩多姿的;贫困痛苦、艰难重重的生活是黯淡无光的。"那么,你有没有想过你这样回答的依据是什么呢?其实你的答案只是你自己内心的感受反射而已,生活本身是不具颜色的。哲人曾对这个问题这样回答:"我的心是什么颜色,我的眼睛所看到的就是什么颜色,因而我的生活就是什么颜色。"可见命运的色彩是由一个人的心和眼睛所决定的,所以能够决定你生活悲喜的人只有你自己。

传说,在一个遥远的海岛上居住着一位法师,据说这位法师具有超强的预知能力,他能够预测人的祸福与生死。一个武士听到了这个传说,就想一探虚实。于是这位武士历尽千山万水找到了这个海岛,见到这位法师。他对法师说:"大家都传言说你上晓天文、下通地理,能够占卜吉凶、预测未来,坦白说,我并不十分相信你的这种预知能力。现在我手里就握着一只鸟,你能说出这只鸟是死的还是活的吗?如果你答对了,我就将我的命运交给你,由你来安排我后半生的生活。"法师听后,浅笑一下回答说:"如果我说这只鸟是活的,你会用手捏死它;如果我说这只鸟是死的,你会松开手放飞它。你想要的答案不决定于我,而决定于你自己。"武士听后,恍然大悟:原来,自己的命运与生活永远只能掌握在自己手中。

其实，对于我们每个人而言，无论处于怎样的境遇之中，我们心情的悲喜、生活的哀乐就如同我们自己手中的这只鸟，能够决定其喜怒哀乐、精彩与否的，始终都只是自己。你要记住：物质的贫困不可怕，可怕的是一个人精神世界的贫困。

在贫困境遇中精彩地活着，就要以积极心态构筑正确的人生观。以积极心态构筑正确人生观，就是要人能够在低谷境遇中乐观地生活，同时以积极的思想意识正确认识自己的人生困境，找到创造自己内心快乐的源泉（例如做自己喜欢做的事、多用心去接纳阳光的投射、以精神生活来使自己过得更加丰富精彩，等等），这样你不仅可以获得心灵的愉悦，而且会更有利于你寻找到突破困境的途径。

有一位教授在家里准备第二天的一个关于"以积极心态正确认识人生、创造人生精彩"课题的演讲稿。当时妻子不在家，5岁的小儿子在客厅里玩闹不休，吵得他无法静心写稿子。心烦意乱时，他看到一本书上有一幅世界地图，于是这位教授就把这张地图撕了下来，并撕成了很多碎片，丢在地上说："孩子，你去把这幅地图拼完整，如果你完整地把地图拼出来我就奖励你两角五分钱。"于是儿子安静地到一边去拼地图去了。教授心里想，儿子用尽一天也未必能将地图拼完整，这下自己可以安心地准备演讲稿了。可还不到10分钟，儿子就捧着地图对教授说："爸爸，地图拼好了，您看对吗？"教授看到儿子不但没有被如此"艰巨的任务"吓倒，还这么快就将地图拼得完整而正确，非常吃惊，就问道："孩子，你是怎么做到的啊？"儿子眨眨眼晴说："这幅地图的背面是一个人像。我想如果背面的人像拼正确，正面的地图也一定是正确的。所以就按照地图背面的人像拼了出来。"教授听后，对儿子说："谢谢你，我的儿子，你让我知道如何去写明天的演讲稿了。"

第二天，教授在演讲中说："人生的境遇是具有正反两面的，有时它将多彩多姿在正面呈现给你，令你感受到欣喜与愉悦；有时它将黯淡无光在反面呈现给你，让你尽尝辛酸苦辣。但是，当你处于不尽如人意的人生境遇时，如果你能用积极心态去将你的不如意翻转，你会看到人生境遇背面和侧面的亮丽风光。"

这个故事和这位教授的一番话，留给我们的启迪就是：当人生境遇令你感受到痛苦之时，不要忘记从另外的角度去发现生活所存在的美；当贫困困境令你感到前途坎坷重重之时，不要忘记以其他的途径去开创新生的路径；当一切不如意令你感到沮丧、忧伤、焦虑时，不要忘记生活中还有更多快乐和希望。总之，不要忘记，以多重角度的思维与心态去发现自己的精彩、创造自己的精彩。

同时，在贫困境遇中精彩地活着，就要怀有希望之心穿行人生的戈壁，并且能够用坚强毅力突破束缚人生发展的樊篱。希望是生命之光，毅力是精彩人生的支撑保障。

内心强大的人才能挣脱不幸

内心强大，就是指一个人具有较强的心理素质、坚强的意志；同时，内心强大还具有另外一种深层含义，便是指一个人能够在先天条件或现有条件发生恶性突变的情况下不向困境屈服，能够以超强的信念与毅力克服重重阻碍，博取人生的成功。强大的内心，通常是伟人与成功人士共具的一种心理特性，它能够使人摆脱各种不幸境遇的羁绊，开创梦想希冀之中的新天地。

因而，我们说，一个忍受贫困境遇困扰的人，要想摆脱贫困所导致的各种不幸与痛苦，就必须使自己的内心足够强大，能够承受各种压力与挑战，向不如意的人生境遇宣战，走出命运低谷，开拓成功人生，因为内心强大具有一种不可低估的能量发生作用。内心强大，是一种强力精神的表现，能够使人产生坚定的意志与无坚不摧的斗志。

内心强大的人，具有非常明确的奋斗目标和人生理想，对未来充满希望，无论遭遇怎样的困境，无论是因为先天物质条件缺乏而不具备任何发展保障，还是因后期意外突变而导致穷困潦倒，他们都能够以"天生我材必有用，千金散尽还复来"的积极心态去面对生活、开拓人生。

内心强大的人，具有能够排除一切外部干扰，不断地积蓄自身发展所需的各种必要因素和条件的能力，并且他们善于为自己的人生发展创造有利条件，他们既可以经受住外界的诱惑，也可以抗衡外界的阻碍，真正做到心无旁骛地发展自我。

内心强大的人，具有极好的抗压力和平衡心态，无论是在任何情况下都可以做到宠辱不惊、淡定自若，无论是贫穷，还是挫折和疾病的不幸境遇都无法破坏他们内心持久的安宁与平静。因而他们可以凭借自我超强的抗压能力和平衡心态，产生对生活境遇客观而科学的认知，以极具发现力的眼光和思想，从人生的各个角度去发掘生活所存在的美与快乐。

简言之，内心强大的人，具有追求、信念、思想、魄力、积极心态与奋斗精神，这些都是人要克服人生发展阻力、谋求自身发展成功所必不可少的先决条件。因此，一个想要摆脱、突破贫困境遇困扰的人，首先必须要使自己成为一个内心强大的人。

张岩，成长在一个极为贫寒的农村家庭。小学的时候，张岩父母省吃俭用地为他积攒学费，勉强供他读完了 6 年的小学；中学的时候，家里实在没有足够的钱供张岩继续读书，张岩的父亲曾经想到要他辍学去南方打工，可是张岩却满不在乎地说："没有关系，爸妈，你们不要太悲伤了，我可以凭借自己的能力去凑足还没有着落的部分学费。"于是，这个暑假，只有 10 多岁的张岩一个人到外面收废品、到附近的小吃部做临时工，攒够了几百块钱学费。后来，张岩以优异的成绩考入了一所一本大学，并想尽各种办法申请了银行的贫困助学金，顺利进入了自己梦寐以求的"象牙塔生活"。4 年大学生活中，张岩没有让父母为自己的学费有过任何忧虑，他一边拼命地学习，一边勤工俭学，每个学期都会获得学校的一等奖学金。就这样，张岩凭借奖学金和勤工俭学所赚到的工资供自己读完了大学，还攒了 4000 多块钱。常人很难想象张岩这样一个年轻的"大孩子"，是凭借怎样的坚强与毅力做到这些的。

张岩从小就尝尽了贫穷带给自己和家人的辛酸，所以他从小就立志要做一个成功企业家，帮助家人和自己摆脱贫困，等到自己拥有足够实力的时候，再帮助家乡的父老乡亲们摆脱贫困。因此，在毕业之后，张岩用自己的4000多块钱和从院长那儿借来的几千块钱，与两个同学一起合伙开了一个小公司。谁知道，天有不测风云，几个月后因为看到公司发展并不乐观，合伙同学卷款而逃了。那几天，张岩一个人面对着空荡荡的公司办公室，无奈与绝望在心底一起交织着，可是3天之后，张岩又重整旗鼓，他开始积极地到市区的天桥上去找工作。这时的张岩，口袋里仅有五角钱的硬币，连一个馒头都买不起。这天，张岩在天桥上看到了一则招聘启事，便到那家公司去应聘。老总在了解了他的情况后，非常质疑地说："你似乎已经是一无所有了，那么你有什么信心能够扭转你的人生呢？"张岩听后，非常肯定地说："我并没有一无所有，我虽然只拥有五角钱，但不是一无所有，真正的财富不是用财产来衡量的，而是用大脑里的智慧和骨子里的坚强来塑造的。"听了张岩的话，老总对其非常赞赏，录用了他，并预支了他一个月的薪水。

3年后，张岩凭借自己的信心与努力，被这家公司提升为副经理，并且拥有了自己的资产。5年后，张岩投资家乡建设，开了一家农副产品加工工厂，带动了全村人民脱贫致富。在家乡的工厂剪彩仪式上，张岩万分感慨地说："从小我便经历了贫穷带给我的困苦辛酸，也正是在贫穷所带给我的磨难中让我塑造了自己坚韧的性格与坚强的内心，这份坚强就是贫穷所赐予的最大财富，凭借它我才能够走出求学之路的艰辛与创业失败的困境，最终实现了我的梦想。请大家一定要相信自己，贫穷并不可怕，只要我们坚持自己的信念，以坚韧不屈的毅力去拼搏，一定可以创造出无穷的财富！"

读完张岩的故事，你的内心是否受到感染与震撼呢？如果张岩在自幼的家庭贫困中放弃求学的希望；如果张岩在创业经受重创之后一蹶不振，那么他还会有日后的成功吗？张岩，无论是在先天的贫困束缚，还是在后天的破产打击中，都以强大的内心接受了一切现实，凭借自己超人的坚定信念和顽强毅力，最终实现了人生梦想。

如果你正处于贫困境遇的困扰之中，如果你正在为自己所经受的困境打击而百般懊恼，请你一定要为你脆弱的内心铸造一副坚韧的盔甲，做一个内心强大的人。如果你不想在贫困中潦倒或毁灭，就一定要记住：只有内心强大的人才能摆脱贫困的不幸。

第九辑

面对伤痕，要有"人生看得几清明"的陶然心态

　　人在社会中行走，和各色人等打交道，经历各种事情，那就难免会受到伤害而在身体和心理上留下伤痕。有的人在面对伤痕的时候，情愿做伤痕的奴隶，把自己的一生都浸在痛苦当中，怎么也走不出伤痕的阴影；有的人却能走出阴影，把伤痕当成美好的回忆，用那种"人生看得几清明"的陶然心态来面对，找回那个曾经奋斗的自己。后一种人值得我们尊敬和学习，从今天的脚步中找回我们自己，重新开始，去创造一个更加美好的明天，这才是我们在伤痕面前所要做的事情。

没有人不摔跤、不摔伤

　　世事无常，人的一生哪有不摔跤的时候呢？摔一下，难免受伤，轻者破皮流血，重者伤筋动骨，甚至更有人摔伤了心灵，留下了挥之不去的阴影。我们可以想一想，再圆的月亮，也有缺失的时候；耀眼光鲜的璧玉，总难免留下斑斑点点的瑕疵；而我们这些在社会上打拼的人们，就免不了被岁月的刀口划伤，遭受意想不到的创伤。

在一座高山上，生长着很多的树木。一棵娇嫩的小树，生长在一棵参天大树的旁边，大树给它遮风挡雨，因而这棵小树生长得非常健康快乐，小树也把大树当成了生命中最重要的部分加以珍惜。但是有一天，小树身旁的那棵参天大树，被伐木的工人给砍掉了，小树一下子失去了依靠，不知所措地哭了起来。这个时候，生长在旁边的另一棵大树安慰小树说："孩子，不哭，在你的生命里，总会碰到各种各样的困难，总会在没有意识的时候摔跤，面对很多的挫折。你要学会坚强地面对，失去了大树的遮挡，反而是一件好事，你可以吸收更加多的水分和阳光，吸收更多的养料，可以更快、更茁壮地成长啊！"

就像上面的这个小故事所说的那样，人在生活中难免会摔跤，一帆风顺的人生也许只存在于美好的童话当中。

我们都知道，人的一生曲折漫长，充满了成功的喜悦和失败的痛苦。对人生来说，失败带来的伤痕是我们走向成功的道路上必须要重视的一个问题。只有我们仔细地回味，然后思考人生中的伤痕，才能真正地把握住人生的真谛和乐趣，也只有在我们战胜一个又一个的人生挫折之后，我们才能真正地走向成功的彼岸。

那么，人生失败所带来的伤痕的内涵和成因是什么呢？

所谓的摔跤带来的伤痕，是指我们在某种欲望的推动下，在实现这种欲望的过程中所遇到的挫折以及由此引起的内心的痛苦体验，比较通俗地解释，就是我们常说的逆境和不幸状态下的心理感受。

我们的人生面临很多条路，因而我们也会因为不同的路况而摔跤。综观古今中外的历史，有的人因为政治上的失意而蒙冤，有的人因为工作上的失败而倒下，有的人因为生活上的穷困而自卑，有的人因为爱情上的缺失而不振，还有许多人因为家庭和身体上的原因而面临精神上和身体上的创伤，等等。

仔细分析一下，人生道路上的摔跤，包含着若干的要件：第一，要有一个动机和追求的目标，也就是我们常说的人生的价值意义所在。我们的一言一行，都是由动机和目标支撑的，而摔跤则意味着我们的行动偏离了原来的目标，以至于失去了它本应该代表的意义。第二，要实现这种目标和动机的手段和途径，也就是一个人为了自己的目标所做出的实际行动和付出。摔跤就意味着这种行动和付出没有相应的结果和收获。第三，摔跤的最终事实所带来的心理上的伤痕，也就是说，我们因为行动和最初的目标动机的背离而感到的伤痛及不幸。

人生摔跤，实质上看，是一个人理想追求和现实之间的产物，是这种不契合的一种矛盾的具体外现。当我们的实际行动没有达到我们当初设定的理想标准，使其不能实现的时候，也就可以说摔了一跤。这种摔跤，必然在我们的心灵上造成深深的伤害，甚至能够使一个人最终一蹶不振，但也可能使人产生一种努力改变的紧迫感和责任感。

那么，让我们摔跤的原因是什么呢，为什么我们的人生中避免不了一次又一次的摔跤呢？我们可以从自然社会和自我两个层面上来看待：

第一，从自然社会这个层面上看，我们的活动要受到自然社会条件的制约，而这些制约，往往会产生我们不能预料的结果。比如说一些我们预料不到又抗拒不了的自然灾害，诸如地震、洪水、泥石流、干旱，这些都会让我们追求人生理想的脚步停留在一个不利的环境当中。而在这样的环境之中，我们想要取得当初设定的成绩，就必须要多付出几倍甚至是几十倍的艰辛努力，但是即使如此，我们成功的概率也往往很低，和在一个正常环境下成功的概率相比，差别是十分巨大的。另外，社会的变革脚步所扬起的尘埃，特别是那些历史进步过程中所不能避免的低潮和逆流时期，这些因素也能给一个人带来很多的不良影响、限制，甚至扼杀一个人最美好的追求和向往，让社会中的绝大一部分人陷于伤痛之中。

第二，从我们本身的层面上来看，个人的身体和家庭条件、对事物的认知程度，等等，都限制和阻碍着我们在一生中不做错误的事和决定。这种个人限制和阻碍，使当初的理想和目标不能实现，在现实生活当中是非常多的，比如一个人的长相、身高、胖瘦，等等，会影响这个人的许多方面；个人的家庭条件、智力、心理等方面，也决定了这个人的选择和底气。而一旦在某些方面上有缺失而达不到先前的预期，就会摔跤，产生挫折感。一个人对自己人生价值定位的合适与否，以及在为实现这种价值的时候奋斗的阻碍，都会让自己对先前的理想产生距离感，从而引起心理上的不平衡和失落。

所以说，人生路上，摔跤是避免不了的事情，摔了一跤，摔伤了，摔怕了，每个人都要经历。摔跤了，该怎么办？这才是最重要的问题。

消弭伤痕，调整自己

我们都有受伤的经历，不管什么样的伤痕，都需要我们自己慢慢地消弭才能愈合。我们的人生当中，难免会在漫长的人生旅途中和人产生矛盾，或者在事业上面临意想不到的挫折，这个时候，心受伤了，如果我们一任这种伤害遗留在我们的心中，没有得到相应的治疗和消弭，那么随着时间的积累，在日后必然会给我们的人生留下很多的后遗症。那么，我们应该怎么面对这种伤害，怎么消弭它们带来的创伤呢？

第一，我们应该学会面对现实，学会不指责别人，认为自己现在之所以这样，都是别人造成的。

假如我们把自己受伤摔跤的原因归结到别人的身上，那么我们的心境就难以得到平衡，总会对这一点念念不忘，那么心中的伤痕不仅仅消弭不了，而且还会增加一种怨恨，实在是得不偿失的一种结果。想要消弭伤痕，自己心灵理疗的第一个步骤就是"自我反省"，了解自己之所以摔跤和受伤的原因，从自己身上找到问题，并用经历过的眼光来检视。

第二，重新设定目标，淡化心中伤痕。

人生中的摔跤是和设定的理想紧密相连的。每个人的理想和追求有很多方面，并且在不同的时期、不同的人生阶段，这种理想所表现出来的具体目标也会有所不同。在我们实现这些目标的过程中，摔跤也就避免不了，但是，人在面对这种摔跤而产生的挫折与伤痕时，那种心理上伤痛的强弱，是和他们本身对自己人生价值的目标定位息息相关的，对自己将来的期望越大，受到的伤害也就越深；反之，就少。也就是说，人生伤痕的心理体验的大小轻重是由这个人本身所感知的这种摔跤对自己的人生价值的伤害的大小轻重决定的。一个把事业作为自己人生价值体现的人，穷困潦倒和碌碌无为就是他心中最大的伤痕；一个把国家和人民的利益作为自己价值的人，则会把个人的失败荣辱看成过眼云烟；一个把爱情当成毕生追求的人，背叛和失恋则会让他感受到整个人生的毁灭。但是一个热爱生命的人，则会把爱情看成带刺的玫瑰，虽然避免不了摔跤与扎手，但却没有什么心理上的负担。

第三，反省伤痕产生的原因，认识伤痕另一面的积极意义。

我们来看看这个故事，相信会对这个道理有一个更加深刻的认识。

有一年，美国的纽约中心公园顺应广大市民的要求，放飞了一只关在笼子里5年的老鹰。但是，仅仅过了4天，当那些自认为爱护鸟类的市民还在为自己的善举沾沾自喜的时候，一个来纽约旅游的客人，在距离中心公园不远的小树林里发现了这只老鹰的尸体。这只老鹰是因为什么原因而死掉的呢？一时间大家众说纷纭，有的说是吃了带农药的食物被毒死的，有的说是因为天气转冷而冻死的。但是后来经过解剖，大家才发现这只老鹰是饿死的。老鹰是一种非常凶悍的动物，有的时候，它甚至能和豹子争夺食物，但是由于它被笼子关得太久了，远离了大自然，远离了天敌和食物，从而失去了生存下去的能力。

所以，生活中的伤痕不一定是个坏事情。正因为有了伤痕的存在，我们才有了比自己原来所预想的好得多的结果。因为遇到了伤痕，迫使我们开始思考、开始学习，让我们变得更加聪明和勇敢，让我们在以后的日子里学会了怎么面对困难和伤害。

第四，增强自信，蔑视伤痕。

人生避免不了摔跤，也避免不了受到伤害，但是，在不同心态的人身上，他们对伤痕的心理反应却是各不相同的。所谓的消弭伤痕，就要首先具备自信，就要拥有坚强的意志，须知自信和勇敢是我们迈向成功的关键，也是消弭伤痕的最重要的因素。有自信的人不一定会取得成功，但是没有自信、自卑怯懦的人，绝对是会一事无成的。对那些自信勇敢的人来说，摔跤和由此产生的伤痕，不会让他们一蹶不振，反而更加能激励起他们一往无前的豪情和壮志，愈挫愈勇；而那些缺乏自信和勇气的人，一旦摔倒了，受到了伤害，他们可能就此一跌不起，自甘堕落。

所以，我们在摔跤以后，不要害怕由此产生的伤痕。我们要相信自己，分析原因，认识到这种伤害的积极意义，由此消弭心中的伤痕，调整好自己的精神状态，爬起来，继续往前走下去。

痊愈自己，然后重新开始

有很多人，在谈到自己摔跤的时候，都这么总结："我已经尽最大的努力拼搏过了，但是很不幸，我还是失败了。"其实这样讲话的人，最终还是没有摆脱上次摔跤的阴影，最终还是没有痊愈自己。

我们当中的很多人，都知道生活不会一帆风顺地随着自己的意愿而改变。我们看到身边那些所谓的失败者和成功者之间最主要的区别就是，失败者总是把自己摔过的跤和遇到的挫折当成失败，于是，人生路上的每次摔跤都能深深地刺痛他的内心，磨掉他向前的勇气；而成功者，是从来也不轻言失败的，他们在一次又一次摔倒的时候，总是对自己说："我这不过是摔了一次小小的跤而已，并不是失败了，我还没有成功呢，要继续努力!"然后他们会爬起来，拍拍身上的泥土，再次开始新的征程。一个暂时摔倒了的人，如果想要爬起来继续往前走，那么他今天的摔跤，就不算是失败，因为他还打算继续往前走，还要继续追求自己的目标；相反，如果这个人摔倒了，再也不想爬起来了，那么，这个人就真的输了。

在我们遭遇到挫折的时候，我们要有一种陶然的心态，在哪里迷失了方向，在哪里摔倒了，我们在反思过后，要爬起来，重新开始。

英国著名的电视播音员朱丽在她 40 年的播音生涯中，曾经被辞退过 20

次，我们可以想象那种一次又一次被辞退后的情景，那种心灵的伤痕是多么让人痛苦啊！但是朱丽很快就从伤痛中痊愈了自己，不仅让自己走出了阴影，还为自己下次的就职确立了更加远大的目标。当时，由于英国的一些电视台对女性播音员存在着错误的认识，以为她们不能很好地吸引观众，所以，没有一家电视台愿意雇用她。最后，很不容易，有一家电视台愿意雇用她，但是仅仅在那里待了半年，她就被辞退了，原因是电视台觉得她跟不上当时的时代潮流。朱丽伤心了很久，但是她没有气馁，她很快又树立起了信心，总结了先前失败的教训之后，她又向伦敦的另一家电视台推销自己。这次电视台勉强地答应让她试一试，但是需要她先在政治节目中主持。"我对政治几乎一窍不通，恐怕最后还是做不好这个节目。"这让她一度非常地犹豫，但是朱丽最后还是坚定起来，告诉自己一定要大胆地尝试。那个时候，朱丽对主持节目早已经非常地熟悉了，于是她利用自己亲切的形象和平易近人的主持风格，大谈那一年大选对她自己生活的影响和意义，还鼓励电视机前的观众打电话和她连线，和她一起畅谈感受。观众一下子对她主持的这个政治节目产生了热情，朱丽也因为这次的成功而一举成名。现在，朱丽已经是当地家喻户晓的人物了，她曾经4次获得最重要的主持人大奖。她告诉每个人自己的故事："我从一开始到现在，经历了20次失业和再就业，原本应该被这些坎坷和不幸所吓倒的，做不到我现在的这种成就。但是，现在的结果刚刚相反，我走出了那些伤痕，走到了新的目标，重新开始了我的追求。"

痊愈伤痛，然后重新开始，这不仅仅是对自己负责，更是对家人、对社会的一种责任。

德国的百货大王拜恩斯就是一个很好的例子。他出生于 1879 年，柏林人，年轻的时候出海闯荡，再后来的时候，回到了柏林开了一家小铺子，卖些日用品，小刀、小剪子、纽扣、针线什么的，但是因为经营不善，没过多久就倒闭关门了。半年后，他又开了另一家杂货店，但是也以关门而终。家人的生活也一下子跟着跌进了低谷，生活一下子紧张了起来。拜恩斯没有放弃，后来他又开了一个小饭馆，但是最终也没有经营好。这三次失败以后，拜恩斯决定转行，又到慕尼黑开了一家小铺子，做起了服装批发的生意，但是这一次不仅仅是关门那么简单了，差点把老本都赔了个精光。但是拜恩斯一直不死心，一次次的失败深深地伤害了他的心，但是一想到答应妻子和孩子们要让他们过上好日子，他的挫败感很快就痊愈了，重新投入到创业当中去。这一次，拜恩斯离开了德国，来到了遥远的英国，还是做布匹生意，这一次他没有失败，命运终于眷顾了他，他的生意做得很灵活，甚至挨家挨户地推销。那个时候，他的店铺头一天开业的时候，账面上的资金只有 20 英镑，但是今天，他在伦敦和柏林有着好几家大百货商场，成为一方富翁。

我们想一想，如果拜恩斯在失败了后，不能痊愈挫折带来的伤痛，不能重新开始一个新的征程，那么他会拥有今天的成就吗？记得一个拳击手曾经说过这样的话："当你的右眼被打肿的时候，左眼还得睁得大大的，这样才能看清对手，也才能找到机会打击对方。假如连你的左眼也因为疼痛而闭上了，那么不但左眼也要挨上一拳，恐怕连性命也保不住了。"这虽然说的是拳击这种运动，即使被对手打伤了，也要睁大眼睛面对这种情势，如果不这样的话，一定会受到更加激烈的打击。但是，我们的人生又何尝不是这样呢？

走出心灵的伤痛，保持一种陶然的心态，痊愈自己，然后重新开始，这样，我们才能对得起自己，对得起家人。

化创痛为动力，抓住腾飞的机会

对待人生伤痛最好的方法，就是化创痛为力量，作为我们再次前进的动力，抓住再次腾飞的机会。

面对创伤，我们应该奋发图强，战胜所谓的挫折。要想战胜创痛，并将之化为前进的力量，我们必须奋发图强，努力地去奋斗。大家常说这么一句话："苦难是人生中的一笔财富，苦难可以转化成巨大的力量。"面对人生中避免不了的摔跤，我们都希望变挫折为坦途，变创痛为动力，赢得人生中的美丽和幸福。面对创伤，要学会认真地总结，汲取摔跤的教训，调整自己的情绪，用积极的人生态度看待当时的情况。只有这样，我们才能化悲痛为力量，把原本的坏事变成好事，让我们一步一步地走向成功。如果我们在摔跤以后，消极地对待和忍耐，怨天怨地怨别人，甚至怨恨自己，自暴自弃，一味地沉浸在创痛之中，那么，伤痕永远还是伤痕，失意永远也还是失意，它们不仅成不了我们继续前进的动力，反而会成为前进路上的绊脚石，那么，即使机会摆在我们眼前，我们也抓不住，也飞不起来。

"文王拘而演《周易》，孔子厄而著《春秋》，屈原放逐，乃赋《离骚》，左丘失明，厥有《国语》，孙子膑脚，《兵法》修列，不违迁蜀，世传《吕览》，韩非囚秦，《说难》、《孤愤》……"综观我国历史上这些伟大杰出的人物，无不在人生当中摔了跤、受了伤，没有一个人是一帆风顺地达到自己的目标的。但是，他们在失败面前选择了奋起，选择了化悲痛为力量，在人生中最困难的阶段，挺直了腰杆儿，与摔跤后的伤痛和逆境抗争，用自己的双手紧紧地抓住了腾飞的机会，终于在失败之后成为了一个强者，实现了自己的人生理想。

有个人曾经做过这么一个统计，得出一个结论：古今中外那些最著名的大科学家、大作家，等等，都是在摔跤之后取得他们一生中最重要的成就的。这个人专门为此查阅了300个国外最著名的文学家的传记，他很惊讶地发现，这300个大文学家中，有两百多个在他们的成功过程当中遇到过巨大的创痛。这个人通过总结发现了这些伟大杰出的人物们在成功经历中的一个共同的模式：挫折-奋起-成功。所以，从这个意义上来说，那些遭遇到了伤痛并能把伤痛化为力量继续前进的人，最后都会抓住腾飞的机会，有所成就的。

我们都知道发明家爱迪生年少失聪的经历。假如换成别人，这无疑是个巨大的打击，听不到声音，活着还有什么意义呢？但是爱迪生却没有被这个伤痛所打倒，他认为，与其不情愿地听一些没有意义的声音，还不如让自己"安安静静"地实验好得多。生活上的贫困以及身体上的创痛，不仅没有使他丧失对生活和理想的信心，反而极大地激发出了他那种顽强向前的精神，在发明电灯的过程中，他前前后后一共实验了上千种灯丝材料，面对一次又一次的失败，他始终没有灰心，并且乐观地打趣自己"知道了哪种材料不能做灯丝"。就在这一次次的失败中，他积累了丰富的经验，心中也有了一定要成功的巨大力量，最终取得了成功。他的一生，一共给这个世界贡献了1093种发明。

值得一提的还有美国拳坛的英雄阿里。

阿里在当时的一场拳击比赛中，被一个此前默默无闻的小子肯诺顿打碎了下巴，那场比赛他输得非常惨，以至于轰动了当时的整个舆论界。于是，阿里的纪念章开始被减价叫卖，讽刺和攻击的言论在媒体上开始出现，一些人甚至还写信给阿里谩骂他。面对这种情况，阿里把惨败转化成了动力，进行了更加刻苦的训练，一直都不曾松懈。最后，半年后在洛杉矶的一场拳击比赛中，阿里轻松地打败了肯诺顿，重新获得了胜利，为自己恢复了名誉。

任何人的成功，都是在不断地摔跤之后，化创痛为力量换来的，不断地战胜伤痕和磨难，只有这样，我们才能抓住之后腾飞的机会。我们要记住，当我们埋怨自己遭受到莫大的伤害的时候，别人也许会比我们艰难得多，就像那句格言说的那样，"我一直在哭，哭我没有鞋子穿，但是有一天我却发现，别人没有脚。"这个世界上只有一种情况让我们羞愧，那就是我们在遇到伤痛的时候一蹶不振。

把伤痛转化为向前的动力，抓住腾飞的机会，那么挫折和伤痛对我们来说就不一定是件坏事情。这个世界上，有很多人一直在诅咒摔跤，诅咒那些让自己失魂落魄的伤痛。其实，我们应该为遭遇伤痕而高兴，因为有它的存在，我们才有不断向前的动力，才会不断地进步和强大！

第十辑

面对无常，要有"笑看天上云卷云舒"的淡定心态

在生活和事业中，每个人都会遇到危机，夫妻感情变淡、上司不信任、邻里之间不和睦、朋友之间产生了隔阂……须知世事本无常，什么样的危机都有可能出现，那么我们在面对危机的时候，应该怎么做呢？其实危机并不可怕，只要我们抱有"笑看天上云卷云舒"的淡定心态，笑对生活，这样危机自然也就不能在我们的心理上造成什么伤害了。

人生处处有危机

危机，一方面意思是指令人感到危险的时刻或者严重的困难关头；另一面含义是指导致危险产生的祸根，即潜伏的祸害或危险。危机是人在生活中最想要规避、最不希冀发生的，然而危机却是时刻都潜伏于生活之中的。危机具有四大特征，危机的四大特征使得危机分分秒秒地与人们的生活如影随形，也使得危机成为令人们最为担忧的生活隐患。

危机的四大特征便是：危机具有意外性，即危机所爆发的具体时间、实际规模，具体态势和影响程度令人难以预料，通常是在始料未及的情形下突

兀而至；危机具有聚焦性，即危机的信息传播速度非常快，尤其是在现代社会进入信息时代之后，危机的信息传播、扩散速度比危机本身的态势发展还要快，因而会形成一种广泛的恶性影响；危机具有紧迫性，在生活之中，无论是对于企业还是个人，危机一旦爆发，它的破坏性便会以一种势不可当的形式迅速蔓延，必须给予及时控制，否则，后果将不堪设想。

从危机的四大特征分析，我们可以认识到，危机是一种在生活中随时都有可能突发的不幸境遇状况，它的发生也许是你预料之外的，从这一角度讲，危机是在你的意识之外所存在的，并且具有一定程度或强烈影响的破坏性；从另一方面讲，即便你可以对可能引发的危机具有一定的先知预料性，即便你可以对危机进行防范和规避，但你仍然无法消除它的存在。

因而，从危机本身的特性角度分析，我们说，危机于人生之中处处存在，无法消除；从危机所隐匿潜伏的生活环境讲，危机不仅仅存在于低谷的不尽如人意的人生境遇状态中，而且同样普遍存在于顺境的意气风发的人生境遇之中。

我们说，危机伴随于风险与困境之中，这一层次的含义非常容易理解，那么我们为什么说人生顺境之中仍然存在危机，甚至会潜伏着更大的危机呢？这需要从机遇与危机相互依存的矛盾统一关系去分析。对于危机这一概念的哲学角度解释便是："危"即为危险；"机"即为机遇，"危机"的意思便是危险和机遇的伴生，并且机遇所带给你的预期利益与发展机会越大，其所潜在的危机风险性越大，所以，我们说对于人生而言，无论是处于逆境还是顺境，危机都无处不在，时刻相随。

总而言之，无论是从危机的本身特性来分析，还是从危机所潜伏的生活境遇状况来分析，危机都是时时刻刻存在于生活之中，处处存在于人生路途之上。曾有哲人说："在人类的生活中，随时都有可能爆发各种或大或小的危机，危机就如同纳税和死亡一样不可避免。"

一位著名管理学教授在一次"正确认识人生危机"的课题演讲中，讲述了这样一段经历，他说："去年7月19日，我在深圳讲学完毕，正准备返程回北京，却发生了莫拉菲台风。大家都知道莫拉菲台风是强度最大、移速最快、影响范围最大的恶性旋风，并且这次深圳所发生的台风是1993年以来深圳所发生的最大一次台风风暴。当时，台风在夜里登陆深圳海港，而我恰好就在台风登陆口的深圳大鹏湾南澳镇海贝湾大酒店靠近海边的别墅里住宿，我的房间正好面对大海。在咆哮的风暴中，海浪以排山倒海之势扑打在我房间的玻璃窗上。那时，我被这突如其来的风险震慑住了，我当时就在想：我还能够安全离开深圳吗？就在前一分钟，我还想着如何去准备下一次的讲学课题呢，这样的风险却突兀而至。7月21日我回到北京，22日便奔赴徐州去讲学，当时天气已经好转，非常晴朗。可是当晚到达徐州之后，却又是雷雨交加，飞机在徐州机场上空盘旋了一个多小时。当时正是夜里，飞机在能见度极低的黑夜强行着陆，使很多乘客的心都提到了嗓子眼。"

在讲完这段经历之后，这位教授接着说："在短短几天，我便经历了两次虽然寻常但足以威胁生命的危机，这次经历虽然有惊无险，却让我心生感慨。在人的一生中，各种大大小小的人生风暴不正是如同这不测风云一般潜伏左右，随时都有可能爆发的吗？人身危机、财产危机、情感危机、仕途危机等生活危机无处不在啊，让人防不胜防。那么，对于这些处处存在的人生危机，我们要以怎样的心态去应对呢？这首先需要我们对危机的存在和发生给予正确而科学的认知，而后以淡定的心态去接受危机现实，以智慧和勇气去克服危机障碍。生活之中危机的无处不在，就如同人在吃饭时偶然会被噎到一样寻常和普遍，人不会因担心被噎死而不去吃饭；同样，人不能因惧怕危机的发生而停止生活！"教授话音刚落，台下立即响起了雷鸣般的掌声。

这位教授的演讲主题告诉我们一个深刻的道理：人生处处是危机，人必须保持一种对危机的警醒意识，但不可因危机的普遍存在而整日"杞人忧天"，更不可因危机的随时引发而成为"惊弓之鸟"；意识到危机的存在是为了更好地防范危机，是为了时刻做好接受危机、迎战危机的心理准备，从而在危机发生时，能以从容不迫的心态去挑战危机，以处变不惊的谋略和胆识去化解危机。

一位哲学家曾经说："当你来到这个世界的时候，你哭了，大家都在笑；当你离开这个世界的时候，你笑了，大家却都哭了。危险，就是这样在以一种不可捉摸的方式循环着。"这句哲言所警示给我们的人生思考便是："欢笑中潜伏着痛哭的危险，痛哭中潜伏着欢笑的生机。"这就如同，企业家不会因为有可能面临破产的危险而放弃创业梦想；农民企业家不会因为暴风骤雨对农园的毁灭而放弃农业种植发展；科学家不会因为种种试验所可能引发的风险而停止科学研究；宇航员不会因为航空随时可能导致的意外死亡而丢弃人生理想。

一个人在任何时刻都要记住：当机遇来临时，千万不要因为惧怕潜伏的危机而放弃人生发展的大好时机。

以淡定的心态面对危机

淡定，就是泰山压顶不弯腰的镇定心态与沉稳表现，这是一种沉稳老练的果敢气质的突现，也是一种积极平衡的乐观心态的体现。淡定是一种人生态度，更是一种生活勇气，是成大事者所必备的气度、风范、素质。淡定，更是人们从容不迫地应对危机困境所必备的心理素质，在危机来临时不能做到淡定自若的人，永远无法以最有效的方式寻找到化解危机的突破口，反而会使自己的情绪和心境在困境中越来越深地陷入痛苦，甚至会导致人生在危机处境中永远无法突破。

看过电影《十全九美》的朋友一定对"十全九美"的概念非常清楚吧？十全九美就是说，在人生境遇中，十全十美这样一种理想的生存状态只存在于美好的幻想之中，真实的人生，十有八九是不如意的；危机与困境时常发生，不尽如人意之处如影随形，人要以"十全九美"这样一种淡定、豁达的心态去包容生活。电影《十全九美》中反复提到"淡定"一词，并以诙谐幽默的表演和感动人心的情感叙述向我们阐述了一个至关重要的人生哲理：以淡定的生活态度去对待生活，以淡定的心理状态去应对困境，唯有淡定自若之人才能享受生活，突破人生危机的困境之阻，收获真正的精彩人生。

从前有两个和尚，都一心成佛，虔诚地讲经修道，以向佛祖靠近。几十年后，佛祖被他们的虔诚打动，决定再给予他们一次最后的考验，通过考验者便可以到达西方佛祖圣地，永世成佛。于是，佛祖派观音大师前去通告这两个和尚，如果他们能够渡过西天之际的无边海域，便可以到达西天，参拜佛祖，接受封佛之礼。这两个和尚在得到这一消息之后兴奋至极，他们心想：自己几十年地讲经修道，终于可以修成正果，真是佛祖有眼啊！于是这两个和尚都分别收拾行装，从各自的寺院出发了。

　　在历经千难万险之后，他们开始了茫茫无期的渡海之旅。在茫茫海面上，这两个和尚相遇了，知道彼此都是要去西天参拜佛祖之后如遇知己，于是相互鼓励、结伴而行。他们各自驾驶着自己的小船，在苍茫大海中向西方航行。前半个月一直风平浪静、相安无事。可是在这个月的 15 日之夜，海面突然狂风大作，接着雷电轰鸣，暴雨倾盆，整个海面剧烈震动摇晃，风浪涌起数十米之高。面对这突如其来的风暴危机，两个和尚都惊呆了，他们怎么也没有想到会突然之间遭遇如此的风险。这时，一个和尚恐慌至极，大声喊着："佛祖啊，你要我去见你，可是这突如其来的灾难要让我葬身于此了啊！"他紧紧地抱住船桨，畏惧地缩成一团，一个海浪拍打过来，掀翻了他的小船，这个和尚便被海水吞入海底了。而另一个和尚，立即在惊慌中恢复了平静，他意识到继续航行下去，凭借自己的小木船是如何都无法与如此狂暴的风浪相抗衡的。于是他迅速解下桅杆上的绳子，将自己的身体和船底的一块木板绑在一起。同样，一个大浪打翻了他的小船，他便紧紧抱住这块木板在风浪的冲击中沉浮、漂浮。等到风平浪静之后，这个和尚发现自己已经漂到了岸边，耳边回荡着圣钟的声音，自己已经来到了佛祖圣地。

　　佛祖见到这个和尚，慈善地一笑，说："你已经通过了我的考验，现在我便封你为佛。只是我想知道你在暴风骤雨中心中在想些什么?"这个和尚听后回答说:"当时我被这突如其来的危机吓呆了,可是我立即就恢复了平静。因为我知道,惊慌与恐惧于事无补,反而会令我快速死亡。我必须要冷静下来,想出一个求生的办法,尽最大可能度过险境,见到佛祖。"

在这个故事中,两个和尚在应对危机时的不同心态导致了他们完全不同的命运:一个和尚因为在危机中惊慌、怯懦而葬身海底;另一个和尚因为在危机之中处变不惊,以淡定的心态应对危机风险,最终实现了自己一生的夙愿,修成正果。

在我们的生活当中,所处的情形就如同这两个和尚的拜佛之路一样,风暴、危险随时都有可能发生,是否能够化解风险,不在于所发生危机的大小与强弱,而在于我们自己的心态素质如何。当危机发生,相继而生的是各种困厄对人生发展的围追堵截,是狂风暴雨对生活境遇的强度冲击,如果此时你惊慌失措或悲观绝望,那么你将要面临的唯一结局便是在危机的风暴中毁灭人生,与绚丽的成功背道而驰;唯有淡定者,才有可能乘风破浪,驶向成功的彼岸。

危机再大也不要失去希望

　　希望，就是内心期盼达到某种目的或出现某种情况的一种欲望，它是人内心深处的一种渴望与精神寄托，是指引、推动人生向前发展的引航和动力。当一个人身处顺境之中时，生活中的希望是光明和美好，是一个人内心的幸福与快乐；当一个人身处逆境之中时，希望是在黑暗中指引黎明的启明星，是在人生风雨中引导人驶向梦想彼岸的灯塔。尤其是当一个人陷入突如其来的危机中时，希望则是给予人信念与勇气的能量源泉，是鼓舞人化解危机、走向未来的动力支撑。

　　一个心怀希望的人，无论在任何境遇中都能够看到前途和未来，即使面对再大的危机威胁与冲击，都无法摧毁奋斗的意志与勇气。因而，我们说，无论你面临怎样艰险的危机，都不要失去希望！唯有心怀希望者，才可以凭借希望的索引和支撑走向人生的成功，希望可以最大限度地发掘人的潜能，使人在危机所导致的困境中不放弃、不妥协，以顽强的毅力坚持、奋斗到成功的一刻。

　　行为学家曾经做过这样一个试验，用以测试希望在危机时刻所发挥的重大作用，这个试验是这样的：把两只大白鼠扔进一个装满白水的大容器里，这两只大白鼠在被扔进容器的时刻会拼命地挣扎，以求生存。一般情况下，它们的挣扎时间只维持 8 分钟左右。这是普通情况下两只大白鼠在困境之中的反应。

而后，行为学家将另外两只大白鼠放入同样一个装满白水的容器中，但是这一次在它们挣扎到 5 分钟左右的时候，行为学家们就在容器中放入了一个倾斜的可以爬行的跳板，这两只大白鼠借助这两个跳板成功地爬出了容器。之后，行为学家们再度将这两只大白鼠放入同样一个装满水的容器中，这一次他们没有在容器中放入任何跳板。可是，奇迹发生了，他们看到只能够在水中挣扎 8 分钟的大白鼠，这一次竟然在水中挣扎了 24 分钟之久！直到它们真的快挣扎不下去的时候，行为学家们才放入跳板，将两只大白鼠从容器中解救出来。

同样的装水容器，同样的危机环境，大白鼠能够坚持挣扎的时间会有如此的悬殊差距，关键在于：第一种情况下的两只大白鼠，没有经历过被救的过程，它们不知道自己还有"被救"这样一种生还的机会，所以在尝试着挣扎一会儿之后便感到无力支撑，没有了继续坚持的力量；而第二种情况下的两只大白鼠，在第一次落入容器中后经历了被救过程，因而它们知道，在同样的困境中自己还有生还的机会，所以在第二次被放入容器中时，它们一直拼命地挣扎，内心期待着跳板的出现，它们对跳板的等待与期盼支撑它们不停地努力挣扎。这两只大白鼠正是凭借着内心这种对求生所抱有的希望突破极限，坚持挣扎了 24 分钟之久。

在这个试验中，我们看到了希望所创造的奇迹，希望的力量以一种无可估计的强大能力支撑着被困者在困境之中挣扎、求生、获救。可见，希望是一种精神力量，在危机困境这种特殊境遇之中，希望的力量比之知识与智慧的力量更为强大，它就如同一副钢筋铁骨，支撑着人在强大的危机冲击中屹立不倒。

也许你会冷笑道："希望的力量是对有希望之人才发挥作用的，我已经在危机中身陷绝境了，哪里还有希望而言呢？"如果你这样想，那就大错特错了，希望是自己内心的愿望与希冀，它是否存在，决定者是人本身，而非外界客观因素。一位著名作家曾经说："有一种东西是别人永远也偷不走的，这就是心中的希望。"这句话所启示的哲理就是：希望不会因为任何危机与困厄而消失，如果希望真的消失，那么除非是你自己主观上放弃了对希望的憧憬。因而，危机之中，希望是否存在，关键在于你是否具有一双发现希望的眼睛和一颗坚持希望的心。

有一位富翁因为一次决策失误，引发了企业危机，导致公司破产。在还清所有债务之后，他的别墅、汽车、资产都没有了，已经一无所有的他带领家人回到乡村老家去生活。在遭受这样的人生危机重创之后，这位富翁感觉人生希望渺茫，也曾几经风雨的他觉得自己这一次再也没有力量去突破危机所造成的困境，重塑成功辉煌了，于是他每天都很愁苦，可有一天他突然发现自己的儿子每天总是无忧无虑，在贫苦的生活中，他似乎比以前更快活了。

于是他忍不住问儿子说："爸爸因为决策失误，使你和妈妈跟着爸爸一起陷入如此困境之中，爸爸都不知道我们这一次是否还有化解危机的希望。你现在也没有办法像以前一样过舒适的日子了，你心里不感到难过吗？"十几岁的小儿子看着他说："爸爸，我们哪里没有希望呢？你看，以前我们家只养了一条狗，可是现在我们院子里有4条狗；以前我们家的花园中只有一个游泳池，可是现在我们家房前有一条小溪；以前我们家客厅里只有那几盏灯具，可是现在我们屋顶上拥有满天星星；爸爸，以前你只拥有一幢楼那样大的公司，可是现在你拥有一大片土地。爸爸，你不可以凭借这一大片土地建筑出新的公司吗？我们不可以凭借我们现在拥有的一切创造我们新的生活吗？"富翁听了儿子的话恍然大悟，原来随着危机一起破灭只是一种生活状态，而不是生活的希望，自己前几天之所以看不到新的希望，只是因为自己一直沉浸在痛苦之中，忘记了去观察生活现有状态之下的美好与生机。从这天起，希望又开始在这位富翁心中闪烁，他每天勤恳地劳动，3 年以后成为这个乡村最富有的农场主，5 年以后他在自己的土地上建筑了自己的工厂，8 年以后他又重新创建了属于自己的公司，并重新成为知名的企业家。

可见，危机并不可怕，希望更不会在危机所引发的困境之中消失。只要你能够坚持不放弃希望，并善于发现新的希望，那么，你永远都不会成为生活的弃儿，永远都不会被各种人生危机所毁灭。一个人能否在危机境遇的打击中重新振作，不在于这场危机的冲击力有多大，而在于这个人是否具有新生的希望，是否能够依靠希望的指引和支撑坚强地走出人生低谷，重塑精彩人生。

每天都有阳光，就看我们的心态

新东方总裁俞敏洪曾经在一次讲学中给学生们陈述了自己的"七句思想精神"，这七句话是这样的："用理想和信念来支撑自己的精神；用平和和宽容来看待周围的人和事；用知识和技能来改善自己的生活；用理性和判断来避免人生的危机；用主动和关怀来赢得别人的友爱；用激情和毅力来实现自己的梦想；用严厉和冷酷来改正自己的缺点。"这七句话概括起来，其所阐述的就是一种积极的人生态度，俞敏洪将自己的这七句精神原则归纳为一句话是："勇敢地面对任何困境，保持乐观的心态，并坚持到底；勇敢地面对各种人生危机，以阳光心态去欣赏生活、感恩生活、享受生活。"

在人生之中，危机处处存在，在人生的旅途上，我们随时都有可能陷入危机所引发的挫折与失败、意外突变的痛苦与黑暗之中，此时的困境会让人感到阴影重重、阻碍重重，对未来和梦想看不到一丝希望之光，生活于瞬间失去了原有的色彩。但是，这所有的感觉都是人内心的主观认识而已，要知道，机遇与危机永远是伴生而存的，在人生境遇以如意的顺境为显性显示时，我们首先看到的是机遇，此时并不排除危机与风险的潜在存在；同样，当人生境遇以充满危机的逆境为显性显示时，我们首先看到的是风险与阻碍，但此时并不能排除机遇与希望的存在。简言之，无论在怎样的艰难处境中，希望与光明都是永恒存在的，你是否能够在人生境遇的隐性潜藏中寻找到希望与光明，关键在于你是否具有在黑暗之中发现并捕捉光芒的积极心态。

在一个城市中，一连半个多月都持续阴雨，经常还会雷鸣大作，害得这个城市的居民每天都不能正常出行，连日常生活购物都成了困难。各个小区里都是一片抱怨声，大家都在忧虑地哀叹："太阳什么时候才能出来啊，这倒霉的阴雨天赶快结束吧。"

在一个小区的一户人家里，住着一对母女，母亲每日困在家中，简直快被这讨厌的阴雨天气折磨死了，最喜欢趴在窗子看阳光的她现在已经连望一眼窗外的兴趣都没有了，她在心里说："这讨厌的鬼天气再不结束，我就要忘记太阳的颜色了。"可是有一天，这位母亲突然发现，往日经常与自己一同趴在窗子上看阳光和窗外景致的女儿，每天依旧会饶有兴致地趴在窗台上向外观望。于是，她充满好奇地问："女儿呀，你兴致勃勃地在窗子前观看什么呢？是在看雨吗？你是不是很喜欢雨呀？"这时女儿干脆地回答说："不是啊，妈妈，我不喜欢总是下雨，我是在看阳光呀！"妈妈听了后非常惊讶地说："可爱的女儿呀，哪里还有什么阳光呀，每天都是阴雨天，你瞧，现在外面不是还正在下雨吗？哎，太阳都多久没有出来过了啊！"谁知女儿肯定地说："妈妈，太阳每天都有出来过呀，您都没有见到它吗？它的光芒还是和以前一样好看，只是以前是照在蓝天白云里，现在是照在绵绵不断的雨里面了。妈妈，太阳真的是每天都到窗子前来过的，不然，我们现在怎么会是白天呢？"

听了女儿的话，这位母亲才恍然大悟，原来不是现在的生活没有阳光，而是自己每天只顾着看雨而忘记了看阳光！于是从这天起，她每天都兴致勃勃地和女儿一起看阳光,内心再也不为讨厌的阴雨天气而感到烦闷了。

这个故事告诉我们:生活之中每一天都有阳光,是否能够感受到阳光的温暖与光明,关键就在于我们是以什么样的心态来看待每一天。生活之中,当危机发生,给人的内心所带来的痛楚感是必然存在的,而一个真正懂得生活、能够正确对待人生的人,会尽可能地平衡自己的心态,以积极乐观的心理状态去接受生活、面对生活、挑战生活、享受生活。而不是在危机困境中一蹶不振、悲观度日,以消极心态去应对困境,之后使自己跌进更深的痛苦深渊。以积极心态去看待危机,就需要你能够在危机困境中转换思维角度与认识角度,以此减轻危机所造就的痛苦,发现困境所隐匿的希望。

有一个年轻人,靠着在夜总会吹萨克斯所赚取的微薄收入为生。他的收入不高,生活也不宽裕,但是天性乐观的他总是一副笑呵呵的样子。这个年轻人每天骑着自己的脚踏车去上班,休息的时候就骑着脚踏车去"兜风",他经常感叹说:"要是我能拥有一辆车该多好啊!"听他这样说,朋友们便和他开玩笑说:"既然你没有钱买车,不如去买彩票吧,说不定你可以中奖呢。"听了朋友的话,这个年轻人果真去买了一张体育彩票,谁知道他这张用两元钱买来的彩票竟然中了大奖,得到了一大笔奖金。于是这个年轻人用这笔钱如愿以偿地买了一辆车,每天美滋滋地开着车子去上班、兜风。

可是天有不测风云,3个月之后,他的这辆车在一天夜里被盗了。得知这个消息,他的朋友想,这个如此爱车、好不容易才如愿以偿地买到这辆车的年轻人,在一夜之间失去了这辆价值几万元的车子,一定会痛苦死了。于是朋友们纷纷来劝慰他,对他说:"你千万不要太难过呀,车子丢了就丢了吧,你可不能为一辆丢了的车子而有什么三长两短啊!"谁知这个年轻人听后,笑着回答说:"我有什么好难过的呢,丢了一辆车子,我只不过是丢了两元钱而已啊。呵呵,以后凭我的本事,会到更大的夜总会去上班,说不定还能自己登台演出呢,到时我会赚到足够的钱,再买一辆好车的。"朋友们听了他的话,感到万分诧异,不过仔细一想,的确如此啊,这辆车子本来就是用一张两元钱的彩票换来的。

"丢失一辆两元钱的车子",如果同样的事情发生在你身上,你会怎样去看待这辆车子的价值呢?其实决定这辆车子价值的不是车子本身的价位,也不是那张彩票的价值,而是你自己内心对这一"丢车"事件的认知,同样是一件痛苦的事情,当你换一个角度,以积极的心态去认知它,你所感受到的将是完全不同的体验,你所看到的将是完全不同的色彩。

因而,当你身陷危机困境之中时,一定要铭记:每天都有阳光,就看我们的心态。你要懂得在困境之中平衡自己的心理情绪,转换自己的思维方式,以积极的阳光心态去审视境遇、阐释生活。

学会化解危机，开出最美的花

危机，在每个人的人生路途与奋斗道路上都会时时出现，每个人的人生，所经历的各种危机在某种程度上都是具有相似性的，因为人生危机不外乎是被分为事业危机、情感危机、健康危机、财富危机、自然灾害危机等几大方面。但纵观生活，我们可以看到，在相似的危机境遇中，被困境阻遏的人最终的命运之果却是截然不同的，这是为什么呢？为什么有人可以在各种潜在危机中，使自己的人生发展以如鱼得水之势勇往直前，而有人却在人生道路上时时受阻、寸步难行呢？为什么有人可以在危机爆发之后突破险境，并使自己的人生更上一层楼，而有人却在意外发生的危机中成为困境的俘虏，使自己的雄心壮志、美丽梦想就此破碎呢？

这其中的玄机便在于化解危机之道，能够成功化解危机之人自可以在最大范围内规避人生风险，即便危机真的发生，也可以使危机境遇成为历练自己的大熔炉，而非毁灭自己的绝境；但不懂得化解危机之人，自然会使危机境遇成为束缚自己人生发展的羁绊，使梦想的种子被扼杀于困境之中。因而，你要成为人生发展的最终赢家，你就必须学会如何去有效化解人生危机，唯有懂得化解危机之人，才可以使梦想的种子在困境之中破土而出，绽放出美丽的花朵。

学会化解人生危机，首先要懂得预测、防范潜在危机。海尔集团的董事长张瑞敏曾经说："前进之路如履薄冰，防范化解潜在危机是人类社会共同面对的重要课堂。"张瑞敏这句话启示我们：在社会生存发展中，一个人（以及一个企业）如果没有足够的危机意识，必然会被处处存在、随时而发的潜在危机所困扰乃至击毁。正所谓"人无远虑，必有近忧"，一个懂得成功之道的人，必然懂得以未雨绸缪、居安思危的清醒认知去预测一切皆有可能发生的危机，并对这些潜在危机防患于未然。古时候有这样一个关于防患于未然的哲理故事：

从前，有一家人建了一幢新房子，在新房竣工之后，这家主人非常高兴，于是邀请村子里的乡亲邻里来他家吃饭，以表示喜庆之意。在吃饭时，有一个朋友发现，这家人的新房子虽然建造得很不错，但他们家的厨房规划得却非常不科学。在这家的厨房中，土灶的烟囱砌得太直，并且在灶台旁边堆积了一大堆柴草，这样极易引起火灾。于是这个朋友就对主人说："我觉得你家的厨房应该再调整一下。你应该把烟囱砌得再弯曲一些，同时把这些柴草搬得远一些，这样才可以更好地规避火灾的发生。"主人听后，不以为然，并没有把朋友的话放在心上，一心只沉浸在建筑新房的喜悦之中。过了几天，他就把朋友的警告给忘得一干二净了。

一个月之后，他家真的因此发生了火灾，幸好邻里们及时赶到，帮助他们家一起救火，才在最短的时间内扑灭了大火，只烧毁了厨房里的一些用品，没有酿成大祸。在扑灭火灾之后，主人为了答谢大家的救火之恩，立即杀猪宰羊，摆下一桌酒宴，宴请大家。在酒宴上，主人频频向乡亲们道谢，并决定立即拔掉烟囱重新砌，把烟囱砌得再弯曲一些，再把厨房里灶台旁的柴草搬得远一些。这时乡亲们说："你不要谢我们，你最应该感谢的是为你想出这些防范火灾措施的朋友啊。如果没有他对你的那些忠告，你现在又怎么会知道如何去避免日后的火灾发生呢？想一想，如果你当初就听了他对你的劝告，哪里还有今天的火灾呢？"主人听后恍然大悟，立即赶去了这位朋友的家中，对他讲述了自己家中的经历，并对其千恩万谢。他的朋友听后，笑着说："不用谢我，你意识到对厨房应该多加防范就好了，希望这件事能给你敲响一个警钟，其实，生活中有很多事情都是如此，你凡事都要有个预见性，这样才能最大限度地防范各种危机的发生啊。"

这个故事充分阐明了居安思危、防微杜渐的道理，对于生活中一切潜在的危机，无论是大是小，我们都应给予足够的警惕，做好预测和防范。

预测潜在危机，要求我们利用自己的主观认识、主观经验以及逻辑判断推理，依据客观环境和条件，对事物的未来走势进行预测；同时，要求我们利用客观事物之间所存在的因果关系、关联关系进行罗列整合分析，从中去判断客观事物的发展势态和可能出现的发展趋势；此外，我们需要对事物发展的内在动力和惯性趋势有一个清晰的把握和一个明确的认知，以此来把握事态的发展动向。在充分预测的基础上，我们所要做的就是根据客观实际情况采取相对应的防范措施，并要事先做好接受危机发生的心理准备，想好危机一旦发生的应对措施，尽一切可能地避免危机发生或将危机所造成的损失与痛苦最小化。

学会化解人生危机，在积极预测、增强危机防范意识的同时，还要学会从容不迫、应对自如地去化解已经发生的危机。即在危机境遇中要做到以超凡的信念、毅力、智慧去面对已经发生的危机，勇敢地走出人生困境。在前面，我们所讲述到的正确认识处处存在的人生危机、在危机之中不放弃希望、以积极心态和阳光心态去应对危机，都属于在危机境遇中正确化解危机的必备要求和条件。除此之外，要想在危机境遇中成功破除困境阻碍，还必须具有坚强的意志和智慧的思维，能在危机境遇中充分发挥自己的才干、胆识、魄力，最大限度地发掘自己的潜在能力。

无论在任何情况下，一个人都必须认识到，任何危机都是可以化解的，任何困境都是可以突破的，关键在于你是否掌握化解危机的智慧，是否拥有化解危机的胆识。只要你能够成功化解人生危机，你的梦想和人生便会绽放出最灿烂的花朵。

第十一辑

面对磨难，要有"梅花香自苦寒来"的隐忍心态

逆境压迫，与其说是一种挫折磨难，倒不如说是一种成功前的磨砺，有道是："宝剑锋从磨砺出，梅花香自苦寒来。"不经历逆境和压迫，就不能磨砺自己，让自己的各个方面在磨砺中提高。当我们在面对逆境压迫的时候，需要一种隐忍的心态，坚信"吃得苦中苦，方为人上人"的道理，在隐忍中磨砺自己、完善自己、成就自己。

要学会在压迫中忍耐

我们的一生，总会遇到一些让我们觉得难以忍受的事情，这些各种各样的事，不是贫穷，不是疾病，不是我们准备迎接的种种，而是突如其来的逆境压迫，是那些外界环境强加在我们头上的苦难和桎梏。这些逆境压迫，有时候表现为别人对我们的歧视和偏见，有时候表现为别人对我们的讽刺和欺辱，有时候则是从天而降的灾难和不期而遇的横祸。

面对这种逆境压迫，意志薄弱的人心灰意冷，把信心之火熄灭，甚至把

生命也丢弃了，使自己的人生之路走到了一个自己设定的尽头，将自己淹没在这种逆境压迫之中；而那些意志坚强的人们，则会让自己在这种压迫下顽强地生存，勇敢地面对，能够理智地忍耐那些别人眼中最难忍受的耻辱，将这种耻辱踩在脚下，在忍受住别人不能忍受的事情中，找到一条属于自己的出路，一路拼杀出来，最终做出一番别人难以想象的事业。

有的人把这种逆境中的忍耐看成是一种性格上的懦弱，一种委屈自己的无原则的退让，甚至是一种不敢面对现实的逃避，但实际上，这种逆境中的忍让，在某些时候则是一种隐形的刚强，是一种淡然中的坚守，是一种退一步进百步的暂时策略。有句话说得好，忍一时风平浪静，退一步海阔天空。就像郑板桥笔下的绿竹，扎根在岩缝之中，忍受着风吹雨打，与天同在，与时俱进。"咬定青山不放松，立根原在破岩中。千磨万击还坚劲，任尔东西南北风。"任逆境怎么无情地压迫，任风雨怎样肆虐地吹打，依旧坚强如磐石，在忍耐中成就自己的事业。

这种逆境中的忍耐，是我们心理和意志上的根基，是我们走进社会之后的力量源泉。只有在经历了黎明前最黑暗的时刻，我们才能迎来光明；只有经历了严寒的冬天之后，我们才能理解春天的温暖；叶落了才能再次萌生出新芽，花凋了，才会收获最后的果实。这一切都说明，我们的生命需要忍耐，要永远相信，忍耐之后的生命会给予我们一张甜美的笑脸。我们在生活和事业当中最辉煌的时候，不是在实现理想之后，也不是在接过那代表荣誉的奖杯之时，而是在实现理想之前，在逆境的压迫之下忍耐之时。

这种逆境中的忍耐，把我们身上的痛苦弱化，把我们心中的仇恨消融，显示出了我们健全的人格和理性的思维，展示出了我们忍辱负重的度量和韧性。拥有这种度量和韧性，我们才能有能力、有智慧去面对眼前的逆境和压迫。

这是一个猎人熬鹰的故事。对老鹰这种本性高傲、崇尚自由的动物来说，熬鹰无疑是一次逆境中的压迫，是一次肉体和心灵全方位的打击，但凡亲眼看到过熬鹰的人，无不为那种惨烈的场景所震撼。一只刚刚成年的老鹰，尽管有着尖锐的目光和铁一般的羽毛，但它那锋锐的爪子却被一条铁链拴住了。在熬鹰的第一天，猎人会在这只老鹰的周围密布绳索，在绳索上挂着它爱吃的鲜嫩的羊肉和清水，高傲的老鹰对此都不屑一顾。这只高傲的老鹰，在不慎被猎人设下的机关捉住的时候，就表现出暴烈的个性，用它那两只锋利的爪子，不停地抓挠着束缚住它的铁链，弄出一阵阵"哗哗"的声响，嘴里发出一阵阵的悲鸣。

　　猎人就站在绳索织就的网外冷笑，那只老鹰一次次扑向猎人，又一次次地被腿上拴着的铁链拉回，就在这样一次次没有效果的攻击中，老鹰把自己的体力一点点地耗尽了。夜幕渐渐地落下，寒冷的风阵阵地袭来，猎人在旁边燃起了篝火取暖。在红色的火焰映照下，老鹰的两只眼睛变成了血红，不怀好意地怒视着猎人。猎人的眼睛也是血红血红的，一眨不眨地和老鹰对视着。第二天，当清晨的阳光刚刚把老鹰灰色的羽毛染成鲜红色的时候，它更加急躁和愤怒了，因为经过一天的抗争，滴水未进的它已经感到隐隐的饥饿了。猎人又把新鲜的羊羔肉挂在老鹰的眼前，它急红了眼，凶猛地扇起了宽大的翅膀，猛地扑向猎人的手。猎人虽然早有准备，急忙缩回，但还是被老鹰那强劲的翅膀扫了一下，手火辣辣地疼。老鹰对嘴边的嫩肉还是视而不见，只是一个劲地用铁钩般的嘴啄击脚下的铁链，哗啦哗啦，发出刺耳的声响。老鹰铁钩般的嘴，也禁不住这么坚硬的铁，开始流出鲜红的血。但是它好像不知道什么叫作疼痛，一个劲地啄个不停。血就这样一个劲地滴落着，染红了老鹰脚下的那条铁链。又是一整夜的对峙。转眼间，两天的时间就过去了，在这样的对峙中，老鹰的野性和高傲一点点地被磨掉了，它的意志也越来越弱，开始对眼前的猎人产生了敬畏之情。在夜色中，猎人透过老鹰的眼睛，感觉到了它身上的变化，但是他却一点也不敢放松，生怕因为自己的松懈使得即将到来的成功毁于一旦。

当第三天的太阳慢慢地升起来的时候，老鹰的嘴上已经结满了血痂，眼中的戾气消失得无影无踪了，明显瘦弱的身躯仿佛没有了一点点的力量，再也拖不动脚下的铁链了，两只曾经如利剑般的眼睛也没有了光彩，时不时地眯起来，似乎随时都能够睡着。猎人就捡起一条枯枝，一下一下地撩拨它，几天都没有入睡的老鹰又被激起了怒气，但是却没有先前的锐气了。它嘶哑地叫着，无力地拍着翅膀，没有了王者的霸气，无奈和悲伤凝聚在周围。身上的羽毛被风刮得凌乱不堪，一点光泽也没有了，再也没有一点昔日那种唯我独尊的模样——它在身体和精神上都开始崩溃了。又过了一天，夜幕悄悄地降临，老鹰开始慢慢地移动，它感到无助和孤独，猎人走进绳索围起来的网中，将它抱在怀里，抚摸它的头，它不再挣扎，眼睛里透出了温顺，这时候，猎人再次将鲜嫩的羊肉托起来，它迅速地一块块地吃起来。这样，一只猎鹰也就熬出来了。

像老鹰这样，在抗争无望的时候学会忍耐，也是一种生存的方法。与其高傲地死掉，不如暂时忍耐，为日后更好地活着而积蓄力量。

感谢你的竞争对手

在我们大多数人眼里，竞争对手可能是非常不容被忽略的一个存在了，更别说要感谢他们了。害怕被竞争对手超越，被远远地甩在身后，所以，大多数人都憎恨竞争对手，不愿意在生活和工作中碰到所谓的竞争对手。但是，仔细想来，人的一生中怎么可能没有任何的竞争对手呢？

竞争对手是什么？我们可以想象一下，在我们人生的大路上，都会碰到所谓的势均力敌的对手，这就是所谓的竞争对手吧，在实力上没有太大的差距，任何一方都有可能超越另一方。对一般人来说，竞争对手是讨厌的，因为有了他们的存在，就有可能会影响自己的成功和面前的荣誉。这种结果是人们都不愿意看到的，也是不能容忍的，每个有上进心的人，都不会允许这样的竞争对手抢走自己的利益。所以，但凡和我们争夺利益的人，我们都可以把他们称为竞争对手。

那么，面对竞争对手，我们应该怎么对待他们呢？这取决于人们各自对待人生的看法。有的人恨不得自己的人生能够一帆风顺，没有什么艰难险阻，没有什么不利的因素。有的人恨不得把阻碍自己前进的对手碎尸万段，把自己所有的精力都放在了竞争对手身上。这样做的一个直接后果就是，不但没有战胜对手，而且，自己反而被打得一败涂地。那么，我们应该以什么样的观点来看待这个问题呢？

有了竞争对手，这并不是人们所希望看到的，但也不是能够随着人的意志转移的。可以肯定的是，这个世界上，没有一个人希望自己有数不过来的竞争对手，但是，这些对手的出现，往往是我们不能控制的。成功的人都有这种体会，在某个悠闲的时候，回忆自己曾经的经历，总会感慨自己遇到的困难和对手，也正是这些苦难和对手被克服之后，才会坚定了那份走向胜利的信心。从这个意义上来说，竞争对手对我们来说，是压力，也是鞭策我们向前的动力。在生活和工作当中，竞争对手给我们带来的压力越大，我们被激发出来的动力就越大。从这一点上看，我们和竞争对手之间，是一种对立，也是一种那个某种意义上的统一关系，既相互统一又互相排斥，既相互压制又互相刺激。比方说在体育的竞技场上，没有了比赛的对手，也就没有了向前的动力和活力。我们每个人都渴望成功，渴望实现自己的理想，但是，实现心中的理想，并不是一天或者几天就能完成的事情，这需要不断地探索和坚定不移的意志做支撑，需要不断地创新，更需要以长远的眼光果断地判断形势，而不仅仅是只看到眼前的一点利益。在我们的生活和学习中，谁都可能遇到竞争对手，每个人都盼望着击败对手，盼望着超越他们，但是不管我们是否能够实现，都不要忘记感谢我们的竞争对手，因为没有他和我们一起追逐和攀登，没有他和我们在竞技场上一起较量和厮打，我们就腾飞不起来。

李辉走的那天，小王长吁一口气。告别晚会上，小王频频向李辉敬酒，频频祝他在新的职位上大展宏图，一帆风顺，并为他唱了大家在一起曾爱唱的《爱拼才会赢》《真心英雄》《朋友》，亲热得像生离死别，再也见不着面似的。其实小王心里早就巴不得他走。因为只有李辉走后，小王的方案、创意才能不在经办会上压上几天，让上级领导难以决断到底是用小王的还是用李辉的。

　　这几天，小王一直在反反复复地思考，常常不禁想起那个曾与他一起并肩工作的600多个日日夜夜的哥们儿。大学毕业初来时，他们两人都分在宣传策划部，李辉是那样霸气，一副唯我独尊的样子；而小王，是那样傲气，一种舍我其谁的神态。

　　经理让他们两人轮流各负责一期宣传策划。李辉做时总是一副居高临下的样子，用不容置疑的口吻告诉摄像怎么拍、配音怎么配、剪辑怎么剪。第一期做出来了，让人感到耳目一新，显得大气、流畅，很受好评。第二期轮到小王做时，为了刻意表现与李辉的不同，小王不仅在思路上而且在工作方法上也坚决与李辉不一样。小王一改往日的傲气，与哥们儿、姐们儿打成一片，充分听取他们的意见，有时外来人竟分不清谁是这个项目的主管。小王专门设计了典雅的片头与片尾，配上古典音乐，显得是那么高贵、优雅，好评如潮，顺理成章地盖过了第一期。第三期，李辉又专门用电视散文的形式，用清晨特有的那种带着露珠、晨曦的清新气息，再配上穿着一袭白纱裙的清纯少女，增加了片子的灵气，一下子把人们的目光吸引到他那里。而小王在第四期，更是别出心裁，带上哥们儿上高山、下大坝，拍出了线条简练、优美而以忧郁为主色调的MTV，一下子在圈内引起了小小的轰动。

　　就这样一期一期，他们比着、赛着，一期比一期优美，一期比一期精彩，直到他们都成了宣传策划部的部门主管（别的部门都是一个，而他们是两个），他们仍这样比着。为了不被比下去，李辉与小王都成了工作狂，一天工作近16个小时，从没有礼拜六、礼拜天，也没节假日。表面上，有外人在场时，勾肩搭背，亲热得像兄弟一样；而私下里，虽然在一个办公室里，李辉却很少和小王说话，而小王也从不用正眼瞧李辉。

但李辉走了快一个月了，小王却怎么也紧张不起来，怎么也不能再像从前一样思如泉涌，再也找不到那种感觉了，直到那天总经理找他，总经理对小王说："人生不能没有对手，正是李辉让你更加努力、更加干练、更加出色，使你不断成长、成熟直到富有成就。"

也就是在那天，董事会决定让小王到总部报到；同样是在那天，小王收到了李辉的一封充满感激的信。

面对我们的竞争对手，我们要有坚强的意志，只有这样，我们才能经受住对手的考验。在生活和事业当中，我们要积极地发挥自己的主观能动性，通过自己主观上的努力，扬长避短，努力地缩小我们和别人之间的差距，做一个后来居上者。所以，我们在平时的生活和工作中一定要注意学习和积累知识，不断地锻炼自己的意志，让自己形成坚定的思想意志和顽强的拼搏精神。只有这样，当我们在面对竞争对手的时候，才能自信地应对，在和他们的交手中不断地完善自己，成就自己。

所以，让我们用一颗真诚的心，感谢我们面前的竞争对手吧！

感谢那个对你苛刻的上司

有研究证明，过于严苛的上司，会使下属患上抑郁症的概率比常人高出4到6倍。在我们的周围，工作中受到上司的刁难和批评过多的现象也经常能遇到，这导致了很多的人埋怨这些过于苛刻的上司，认为他们无情、冷血，其实，面对苛刻的上司，我们应该感谢他们。在我们的工作中，确实会遇到那种比较苛刻的上司，他们往往会自以为是，在公司对待下属很蛮横，粗暴无礼地指责下属。这种上司常常会给我们带来非常大的压力，如果我们办的事情合乎他们的心意，那么他们就会表扬我们；反之，他们则会大声地训斥甚至是破口大骂。这种上司往往很吝啬口头上的赞扬和物质上的奖励。而且，他们的性格也往往会喜怒无常，善于玩弄权谋，或者尖酸刻薄，或者以上几项兼而有之。

但是，上面提到的这种上司毕竟是少数，在正规向上的公司里，这种人的发展空间往往会很小。我们通常遇到的苛刻上司，往往是指那些要求比较严格的上司。和这种要求比较严格的上司相处，其实方法有两种，一种是我们像别人一样，不停地在背后指责他们、抱怨他们，希望他们赶紧从我们的身边离开，后者是在心里暗暗地排斥和反抗。但是，除了这种方法之外，我们也可以采取另外的一种办法，虽然比较困难，但是行之有效，那就是在苛刻的上司身上找到我们欣赏的优点。

许多年前，小王曾经打算写一本书，但是他碰到了一个非常苛刻的编辑。小王写的厚厚的书稿，被挑剔得一无是处，人也经常被批评。小王火热的心仿佛一下子被浇灭了，正在他为难之际，他的一个朋友问了一个对他来说非常重要的问题："你有没有想过，这样一个苛刻的编辑，或许正好能把你从以前陶然的状态中推出来，把你从习惯的舒适状态中拉出来，让你的写作能力再上一个新的台阶呢？"听了朋友的这番话，直到那一刻，小王才想明白，原来苛刻也是一种激励。小王回想了一下他的工作经历和生涯，发现正是先前的一个苛刻的领导把他写作的潜力给激发了出来，让他从那以后不断地提高。不管是小王的写作风格，还是写作的动力，或者是演讲的口才甚至是运用新科技的能力，都是被这些苛刻的人给逼出来、激发出来的。

　　所以，我们要了解一个苛刻的上司对我们的影响，不管是正面的，还是负面的。这种影响，使我们的一生，尤其是在事业上变得积极起来，变得完美了许多，也变得容易了许多。很多人都有一种与生俱来的防卫心理，担心着会在遇到这些苛刻的上司的时候，遭受到什么羞辱，丢掉了做人的尊严。其实，我们没必要用这样的心理来面对苛刻的上司，我们应该敞开我们的心胸，接受他们将要给予我们的教训，而不要主观地认为，那些让人受不了的言语和态度是仅仅针对我们来的。要是这样想，我们就会觉得，这样的结果也不错。因为我们在面对苛刻的上司的时候，再也不用像以前那样紧张彷徨了，再也不需要时刻绷紧心中的弦，时刻做好自我防卫的准备了。所以，苛刻的上司也很容易相处，大家要明白，之所以会对苛刻的上司反应激烈，只是因为我们觉得他们很难缠，态度不好而已。在面对苛刻的上司的时候，我们要以开放的心胸面对所有的问题，这样我们才能在这种苛刻的管理之下学会更多的东西，自己也能够更加地轻松。

曾经看过一篇名为《上司不是用来被喜欢》的文章，里面有这么一段话特别值得回味：很多年前，她碰到的第一个上司很温和、很随意，对待下属往往睁只眼、闭只眼，她喜欢这样的上司。但是她在这个公司工作的几年里，错过了很多的机会。第二个上司则很苛刻，还是个坏脾气，动不动就大声训斥她，她不知道他什么时候会发脾气，她做的工作也很少能让上司满意，不管她做得再好、再完美，到了苛刻上司那里，一定能够被他从里面找出一大堆不足的地方。这让她感觉在上司的眼里，自己所做的一切都是那么的不完善。但是在这个上司的高压下，她却学会了很多的东西，一直到现在，她还对这个上司心存感激。

上司的苛刻和挑剔，有着做领导的一种习惯，但更多的却是源于我们工作中的不足。苛刻的上司会让我们仔细地对待我们的工作，有些事情，都是"仁者见仁，智者见智"，我们都不是上司肚子里的蛔虫，怎么知道他们是怎么想的呢？但是这种苛刻，正好激起了我们心中的不屈，也因为这种不屈，我们投入到工作中的精力就会更加充沛，心思也会比别人多得多。这样，我们就进步得很快，尽快地成熟起来。所以，我们必须感谢这些苛刻对待我们的上司，因为他们的苛刻，让我们做起事情来更加有激情、有动力，也变得小心谨慎起来，不再是曾经的那个马大哈了。

精英大多在逆境与隐忍中产生

综观古今中外那些成就了大业、实现了自己理想的精英们，大多都是在逆境与隐忍中产生的。对他们来说，逆境中的隐忍是成就自己事业和实现自己理想不可或缺的基本素质。我国古代的大思想家孟子曾经说过这样的话："天将降大任于斯人也，必先苦其心志，劳其筋骨，饿其体肤，空乏其身。"能够在逆境中隐忍，吃别人不能吃的苦，受别人不能受的罪，忍别人不能忍的辱，这也是一种能力，是一种精英们在拼搏当中学会的一种本领。俗话说得好，忍一时之气，成一生大业。成就了大事业、大学问的精英们，大多对此深有同感。

三国鼎立的时候，刘备不顾手下大臣的反对，执意要出兵攻打吴国，为关羽报仇雪恨，并把失去的战略要地荆州一起夺回来。东吴国主孙权派人求和，被刘备拒绝了，迫于形势，孙权任命只有 38 岁的陆逊为大都督，率领精兵 5 万人马前往迎战。那个时候，刘备带着几十万大军水路并进，声势极为浩大，大军到达夷陵这个地方的时候，沿着长江的南岸，一下子扎下了几十处兵营，占据了好几百里的土地。陆逊眼见蜀军气势高涨，又占据着有利的地势，所以就坚守大营，不和蜀军正面交锋。就在这个时候，东吴的另一支军队被蜀军包围了起来，请求陆逊赶快增援。但是陆逊不肯增兵去解围，他对手下的将领说，那里的城墙非常坚固，里面也有充足的粮草，等到我这里的计谋实现的时候，那里的围困自然也就解除了。但是那些将领们见陆逊既不去救援友军，也不开营攻击面前的蜀军，以为陆逊胆小怕死，所以心里都很气愤，瞧不起他，都很抵触陆逊的指挥。这种情况下，陆逊召集了手下的将领开会，手里拿出孙权赐给的宝剑，对众将领说："蜀国的刘备天下闻名，连曹操都忌惮他三分。现在他带着大军来攻打我们，我们应该把他当作劲敌来看待。希望各位将领能以大局为重，同心抗敌，共同把来犯的蜀军消灭掉，以报答国家。我虽然是个书生，但是既然国主任命我为大都督，统率军队，那么我就会恪尽职守。主公任命了我，就证明我还是有可取之处的，能够受得了委屈，能够承受得住重托。军令如山，不听命令的是要按军法处置的，大家切记！"陆逊的这一番发自肺腑的话，一下子就把手下的将领震慑住了，从此，谁也不敢再不听从他的命令了。陆逊打定了主意，坚守大营，坚决不迎战，就这样一下子拖了七八个月的时间。后来等到蜀军懈怠下来，他抓住了时机，利用火攻的计策，顺风放火，取得了最终的胜利。刘备仓皇逃到了白帝城，一病不起。陆逊的隐忍，成就了中国历史上的一次经典战役，让他跻身于军事精英的行列。

古代的精英们隐忍的故事数不胜数。到了现代，随着社会竞争的日趋激烈，人们想要到达成功的彼岸，所要付出的努力必不可少，但这种在逆境中隐忍的能力，却是同样不可缺少的。

精英都是在逆境隐忍中产生的，没有一个人的事业会一帆风顺，碰到了逆境，我们就要隐忍，积蓄力量，等待时机，这才是最好的方法。

隐忍不是默然和安静

我们常说的隐忍，顾名思义，就是隐藏与忍耐，隐藏我们心中的愤怒和不平，忍受别人的压迫和嘲弄，以及一切对自己受到了伤害而对方并不曾理解的事情。隐忍并不是那种别人眼里的懦弱，也不是屈从了别人的淫威和命运的压迫，更不是自欺欺人的麻痹和顺从自然的安静默然。隐忍是对逆境压迫的一种不屑一顾，是心胸开阔，处世大度的一种表现，更是一种"吃得苦中苦，方为人上人"的志气。

但是这种隐忍，往往被一些人认为是一种无能的表现，理解成是一种任人宰割的状态，其实，所谓的"无能"和"懦弱可欺"，是先前的压迫还没有触动到他们的底线，远远没有达到让他们奋起反抗的程度。人去忍受逆境的压迫，做自己不愿意做的事情，是需要很大的勇气的，毕竟人要在自己的权利无法受到保护，利益无法受到维护，而自身又受到种种客观和主观条件上的制约的情况下，人才去忍受自己不情愿接受的环境和结果。

隐忍不是默然和安静，而是在恶劣的环境中潜伏，为了将来更好地活着。

历史上非常有名气的韩信，小的时候无父无母，只能靠自己到小河里面抓鱼维持着生活，饥一顿饱一顿，生活得非常艰难。周围的人们常常故意刁难他、歧视他。有一次，韩信在河边捕鱼，遇到一群恶少，当面羞辱他。有一个屠夫对韩信说：小子，虽然你长得虎背熊腰，又喜欢带着刀和剑，其实你胆小得很，是个彻头彻尾的胆小鬼。你要是真有本事和胆量的话，你敢用你身上的那把剑来刺我吗？如果你胆小不敢，那就从我的裤裆下钻过去。韩信一个人形单影只，假如和这群人硬碰硬地对着干，一定会吃大亏的。所以，他便当着周围那些人的面，从那个屠夫的裤裆下钻了过去。这就是历史上有名的"胯下之辱"的故事。

韩信并不是胆怯，而是睿智地意识到了整个局面对他的不利之处，硬拼肯定是吃亏的事情。钻人家的裤裆虽然是一件很丢脸的事情，但是按照当时的情景，韩信并没有什么选择的余地。我们可以站在韩信的角度上仔细地想一想，假如他不钻的话，就会出现两个结果：一是他把那个挑衅侮辱他的屠夫杀了，虽然暂时赢得了胜利，但是随后呢？从此历史上也没有了韩信这个人，因为杀人要偿命啊，因为他杀了那个屠夫，所以他最终还是逃脱不了法律的制裁；另一个结果是什么呢？就是韩信被那个屠夫杀了，杀不了人家只有被杀的结果，历史上从此也没有了韩信的踪影。不管是哪个结果，历史都将改写。韩信之所以能够在中国的历史上广为流传，不仅仅是因为他帮助刘邦成就了莫大的基业，还因为他能够忍耐，并在这看似耻辱的忍耐中看到未来的曙光，心中永远装着远大的理想。后来有种说法，韩信在功成名就之后，找到了那个曾经让他钻裤裆的屠夫，屠夫害怕得要死，以为韩信会记恨他，找他报仇雪恨。但是令他没想到的是，韩信却对这个屠夫很好，他对这个人说，假如没有曾经的"胯下之辱"，就没有现在的韩信。

隐忍不是默然和安静，而是在条件不具备之时积蓄力量，等待爆发的时机。忍耐中的默然和安静，是爆发的动力。俗话说："吃得苦中苦，方为人上人。"要想成就一番事业，必须能够吃苦，必须观察时机，等待机会，是不能着急上火的。隐忍是一种勇敢的承担，是一种理智的处理，是一种爆发的积蓄。很多成就大事的人，都是在隐忍中爆发的，他们的人生中大多经历了很多的失败或者耻辱，但是他们却在隐忍中愈挫愈勇，最终抓住了机会，取得了成功。所以，梦想着理想一蹴而就是不现实的，遭受到逆境，颓丧或者硬拼也是不明智的，与其那样，不如在逆境中忍耐、积蓄，一旦时机成熟，成功也定会来到我们的面前。

隐忍需要一个人有崇高的修养，也需要一个人有莫大的度量，能够在逆境中忍辱负重，则是一种人生中的极高的境界。大家都知道，汉字中的这个"忍"字，是心字头上悬着一把锋利的刀，人要隐忍，就是要让自己学会这种利刃悬心头而心不惊的平静和勇气。古人能在逆境中忍受杀父之仇和夺妻之恨，忍受胯下之辱和宫刑之耻，司马迁要是忍受不了宫刑，怎么能写出后来的伟大著作《史记》呢？怎么能爆发出那么长久的力量，把自己投入历史的长河之中呢？

春秋战国的时候，吴王阖闾率兵大举进攻越国，但是出师不利，不仅没有把越国打败，自己反而受了重伤死掉了。过了两年，他的儿子夫差再次率兵攻打越国，把越国打得大败，攻破了越国的都城，越国的国王勾践被押送到吴国做了奴隶。勾践在吴国受尽了屈辱，但他都隐忍下来了，就这样过了3年，吴王夫差才慢慢地消除了对勾践的戒心，放他回到了越国。实际上，勾践虽然在表面上服从，但内心里一直没有放弃复仇的决心，他在暗地里训练军队，变法强国，等待着反攻吴国的时机。勾践深知苦难能够磨砺人的意志，享乐反而会消磨人的决心，所以他对自己要求得非常严酷，安排自己过着非常艰苦的日子。他睡觉的床上铺着稻草，从来不用绵软舒适的棉被，又在屋顶上挂了一只苦胆，在他不知道什么是苦味的时候尝一尝，就不会忘记在吴国的 3 年所受到的耻辱。最后，勾践终于等到了机会，率兵灭掉了吴国。

隐忍不是默然和安静，是生存、是积蓄、是潜伏，更是爆发的前奏！要学会在逆境压迫下忍耐，永远不要放弃那颗拼搏的心！

面对毁誉，要有"宠辱不惊，闲看庭前花开花落"的坦然心态

人的生活和事业上，被人左誉右毁是避免不了的事情，须知，有人存在的地方就有议论，有议论就有毁誉。在我们短短几十年的人生当中，别人加之于我们身上的毁誉数不胜数，面对这些，我们要有"宠辱不惊，闲看庭前花开花落"的坦然心态，要知道，不遭人忌妒的是庸才，我们之所以被人毁誉，那是因为我们身上有着超越别人的才华，有着他们不具有的优点。想通了这一点，毁誉也就动摇不了我们了，这个世界上所有的事情都是过眼云烟，别太当真了——别人捧你别当真，别人踩你也别当真！

坦然淡定，把毁誉当作一种前进的动力

毁誉，即指他人的言论对自己的损毁与赞誉。简言之，毁，即为他人、公众舆论对自己的批评、否定、诽谤，甚至污蔑；誉，即为他人、公众舆论对自己的表扬、肯定、赞赏。人生在世，在各种人生境遇中，你总不能脱离人群而生存、发展，因而你时时刻刻都无法避免他人对自己的认知与评价。

在面对他人的言论时，赞誉之言总会让人感到愉悦和骄傲，损毁之言总会让人感到愤懑和不满，这是人之常情，因为人总是希望被他人接受和认可的。然而，对毁誉的认识，如果仅以这种"人之常情"的心态去看待、去应对，那么毁誉将成为你人生发展的一大障碍，因为你对毁誉的过分关注与在意会成为你内心的一个无形的负担，也会在你心中形成一种浮躁、虚荣、狭隘的性格倾向，这些无疑都是人生发展的最大忌讳。因而，我们说，在人生境遇中正确对待毁誉，才可使你成功前进的路途畅通。

正确认识、对待毁誉，就是要求一个人能够以淡定之心接纳毁誉，并将毁誉之言行作为自己发展前进的动力。毁誉是什么？无非是他人看待你的言论及他人对你形成的认识与评价，这些认识与评价一些是真诚而中肯的，一些是极具言论人主观色彩，并非完全客观的，甚至会有一些是妒忌者或敌对者无中生有的攻击性诽谤与捏造之言，面对这种种情况，你要能够区分对待，而后从中分析出对你有帮助的以及真实指出你的缺陷与不足的言论，从中来改进、完善自我。

面对毁誉，正确对待之，就是要求一个人能够练达淡定，以宠辱不惊的淡定之心去对待毁誉，不要过度因为毁誉而牵发悲喜，因为只有平衡、从容的心态才可以保持身心的协调以及客观思维的判断力。而身心协调与客观思维判断力是一个人发展人生、建树成功所必须具备的基本素质。

在唐朝，有一个颇为广泛流传的小故事，这个故事不仅是唐朝时期广泛传诵的佳话，直至今天，它仍被用作心态教育的最佳素材，这便是一位运送官粮的官员面对三次政绩评审修订而宠辱不惊的故事。

在唐朝，有一个叫作卢承庆的朝官，他是朝廷的考功员外郎，主要负责朝廷官吏的工作业绩考校评定工作。有一次，卢承庆为一个负责从运河运送粮食的官员打评语，他了解到这位官员在运送官粮时发生过一次事故，导致粮船沉没，造成了不小的损失，于是卢承庆就给这个运粮的官员政审成绩打了一个"中下"的评分。当卢承庆将写好的评分与评语拿给官员看时，发现这个官员表现得非常平静，一句质疑之词也没有，而且没有表现出任何怨恨的意思。卢承庆不禁觉得这个官员有点非同一般，于是他仔细研究思考了一下运粮官员发生事故的情况，之后他觉得这次事故是一种意外情况，是人力不能避免的，并不是这个运粮官员的错误造成的，不能将责任全部归咎于运粮官员。于是，他就给这位官员的评分改为"中中"。当卢承庆将该评分的事情告诉给官员后，他认为这位官员一定会非常高兴，因为政绩评分是要牵涉到日后的升迁、俸禄、仕途的大事。谁知，运粮官员仍旧非常平静，没有表现出任何喜悦。卢承庆见状，不禁对运粮官员心生敬意，觉得他是一个心胸博大、难得一见的人才。于是，卢承庆将运粮官员的评分改为"中上"。这个故事便是成语"宠辱不惊"的典故，是对淡定胸襟的最深刻的诠释。

后来，这位运粮官员得到了升迁，并且凭借其淡定、冷静、从容的行事作风为朝廷做了很多大事，帮助皇帝解决了很多难题。在一次聚会中，卢承庆向其问道："为何当日遭遇三改评分，竟能够仍然做到淡定自若、心如止水的呢？"这位运粮官员回答说："毁誉，常理之情也，应细思之；誉则勉之，过则改之，何以悲喜惊之？"

可见，"毁誉从来不可听，是非终究自分明"，受到崇信或侮辱都不感到惊异，不因此而过喜、因此而过悲，将荣辱置之度外，才是真正的淡定，才是身心之和谐；从是非对错中，正确分析毁誉才是维持正确判断的客观思维。

面对毁誉，正确对待之，就是要求一个人能够在淡定对待毁誉的同时，将毁誉视为自己前进的动力。誉，则是嘉勉之词，这无疑是促进一个人奋发图强的推动力，这是无须多言的，但需要提醒的是，当你面对他人的嘉勉之时，且不可因赞誉而骄傲自满、停止前进；毁，则是诋毁之词，能够以"毁"为自己个人发展的前进动力，才是人生的一种"大艺术"，并且诋毁之词往往比赞誉之词更具价值，因为它所指出的是你所存在的缺点与需要改进的短处，是反方向的对你警醒之言、监督之力。如果你能够以平和的心态去看待他人的"毁"，以冷静客观的思维去分析他人的"毁"，那么你一定会获得比赞誉之词所带给你的东西更具价值的事物，"毁"将成为你人生发展中自我障碍的最佳突破点。因而，一个具备成功潜质的人，最懂得善意运用"毁誉"去鞭策自己，督促自己阔步前进。

某著名导演面对公众的毁誉，曾这样说："其实，任何人都没有必要为我所遭遇的毁誉而感到不平，更无须对此为我据理力争。誉是我的最宝贵的财富，因为毁誉是督促我建树成功的最大动力。为什么这样说呢？简单地举一个例子，当我拍摄完一部电影，如果没有人'誉'，我怎么会知道这部电影的优点与进步在哪儿？如果没有人'毁'，我怎么知道这部电影的缺点与需要改进的地方在哪儿？如果我都无法知道我的作品的优点与缺点，我的艺术创作需要坚持发扬的东西是什么、需要全新改进的东西是什么，那么我又如何取得进步、拍出更好的作品、创作更优质的艺术呢？"

这位著名导演的话充分讲明了一个道理：在人生发展的路途上，毁誉就是自己的一面"魔镜"，如果没有毁誉，你又怎么会知道自身的优点与不足、坚持与改进的地方是什么呢？如果你对自己没有一个清晰正确的认识，你又何谈发展与成功呢？

因而，面对毁誉，请淡定对待之；请将毁誉作为你前进的动力，而不要让其成为你前进的障碍。

自得其乐，学会受人敌视还能享受生活

被人敌视，也许可以说是人生中的一件最为痛苦的事情，任何人都希望能够与他人和谐相处，任何人都希望自己能够得到他人的支持、获得他人的帮助，在这个世界上不会有人喜欢被人攻击，与人敌对，更不会有人愿意敌对之人成为自己人生发展的一大阻碍。然而，被人敌视，仍旧是无法避免的，人与人之间总是存在着相异之处，思想认知不同、理想追求不同，因而人与人之间很容易产生"差别意识"，这些"差别意识"很容易造成"敌视"的产生，这是由于不同人群之间的"异化思想"而导致的敌视。另一方面，在人类社会中谋求生存与发展，人与人之间不可避免地存在着各种竞争，尤其是当你与他人对于同一领域的成功进行角逐时，或者你的成就"威胁"到他人的发展时、遭遇他人妒忌时，社会上客观存在的竞争与人内心所存在的妒忌、猜疑、自利等心态，更容易引发"敌视"，这是不同人群之间的"异化思想"所导致的敌视。从敌视的成因角度去思考，我们可以明确认识到被人敌视是你无法规避和左右的，因为它是社会客观本性与人类主观本能相结合而生的。

我们说在人生境遇中，你无法规避敌视的发生，更无法逃避敌视的存在，那么如何正确对待他人的敌视，则成为人生中的一个重要的思考话题。当遭遇他人敌视时，你或许会愤懑、或许会无奈、或许会心生报复、或许会选择逃避，然而这种种心态与应对的效果和结果如何呢？要知道，愤懑，是"用别人的错误来惩罚自己"的一种愚蠢行为，愤懑情绪增加的无疑是一种自我

折磨；无奈，是"因别人的自我膨胀而削弱自我"的可笑行为，无奈兴许催生的无疑是一种消极心态；报复，是"以仇恨培育仇恨、以痛苦培育痛苦"的愚昧行为，报复方式引发的无疑是加倍的敌视与痛苦；逃避，是"以自己的退缩为敌视者的前进让路"的无知行为，逃避方式导致的无疑是自我人生发展的停滞。可见，这种种错误的对待敌视的方式，只会徒增自己发展、前进之路的阻碍，徒增自身的烦恼与痛苦。尤为重要的是，你的这些表现也许会正中敌视者的下怀，要知道敌视者内心的最大愿望就是使你失去生活的快乐与精彩，使你的人生发展障碍重重、停滞不前。

由此可见，正确对待他人的敌视，你就要采用一种方式，让自己摆脱、消除敌视所产生的不良效应，让自己依然精彩地生活、意气风发地奋进、充分享受生活的美好与乐趣。那么这样一种对待敌视的方式又是什么呢？这一绝密便是"自得其乐"，即自己调节自我，自己寻找、创造生活的乐趣，在调节与寻找、创造中，将他人的敌视变为自己享受生活的趣味。

被人敌视，自得其乐地享受生活，就要允许敌视的存在，并欣然接纳敌视的存在。

《圣经》中记载着这样一个小故事：有一天，弥兰王向那先比丘问道："你们这些出家人总是说人间平等、爱我们的仇敌，欣然接受'被敌视'，这太不合乎情理了，这样的论调什么人才能够做到呢？"那先比丘听后，很平静地对弥兰王说："我的大王，那么我先问你一个问题，如果你的手上长了一个烂疮，每天流脓、流血，还散发臭味，你会怎样处理呢？你会把你的这只手砍断吗？"弥兰王听后，不假思索地回答说："那怎么可能呢？不管这个烂疮能不能医好，我都还要生活啊，怎么会因为它而砍断一只手呢？"那先比丘

239

听后笑着说："是啊，你不会将手砍断，反而会精心地为它清洗、敷药，因为它是你的手，与烂疮无关，无论怎样你都要你的手得到最好的待遇。那么我的王，他人的敌视就如同你手上的烂疮啊，而你的心境和你的生活就如同这只手，无论他人的敌视如何令你厌恶、令你痛苦，他人都与你的生活无关啊，你要做的是想尽办法令你的生活更精彩、更好地享受你的生活的乐趣，不是吗？"弥兰王听后，恍然大悟，从此再也不为他人的敌视而愁苦、烦忧了。

这个故事告诉我们：无论你被什么人敌视，受到多大的敌视，你都不能因为这一块生活的"烂疮"而放弃生活、享受生活的情趣，你要学会以宽容、平衡的心态去允许这一块"烂疮"的存在。

被人敌视，难免会遭遇他人的伤害、诽谤、攻击、侮辱、诬陷、驱逐、折磨，对于这些，若是真的做到"欣然接受"的确不易，但关键在于你要以什么样的态度去对待这些"被敌视"，哲人说："感激伤害你的人，因为他化解了你的苦毒；感激诽谤你的人，因为诽谤你的人成就了你的忍辱；感激攻击你的人，因为他洗刷了你的罪迹；感激侮辱你的人，因为他填平了你的地域；感激诬陷你的人，因为他巩固了你的戒律；感激驱逐你的人，因为他成全了你的出离；感激折磨你的人，因为他拓宽了你的净土。"即便你无法做到对"被敌视"心怀感激，但你一定不能让他人的敌视成为掠夺你生活精彩与快乐的心理阴影。

正确地看待他人的敌视，在"被敌视"中自得其乐，享受自我人生的精彩，才是生活的真谛所在。

没有什么比受他人诋毁而去抱怨更糟糕

受人诋毁，这无疑是一件对自己的忍耐力极具挑战性的痛苦的事情，一个人，当他人诋毁自己的声望、名誉之时，内心的愤怒、委屈、申辩无言的矛盾与纠结，会对自我内心形成一种强大的冲击。并且，正所谓"众口铄金"，他人诋毁之言行，这股冲击力不仅会严重冲击自己内心的心态和谐，更会冲击到自我人生发展。然而，当一个人被他人诋毁时，是否能够抵挡住诋毁所引发的人生风暴，使自己的人生发展仍旧在原有的轨道上顺利前行，关键就在于你是否能够承受住这股巨大的"冲击力"，并能够以不变应万变的心态与智慧规避、化解这意图损毁你人生发展之路的"冲击力"。禅书中记载过这样一个故事：

在古代的一个王国里，有一位非常有声望的侯爵，他为人正直且颇具才干，因而在当时深受国王信赖，经常对他委以重任。久而久之，国王与这位侯爵之间既为君臣，亦为朋友，经常向其倾诉自己治理国家的烦忧与苦恼，每一次侯爵都能给予抚慰和开解，并能够给国王指出种种应付之道。时间一久，侯爵与国王之间的亲密关系便遭人妒忌了，一些人对侯爵的发展、成就以及他与国王之间的情意产生了很强烈的妒火，一些人因为侯爵向国王揭发了他们的丑事与私心，便对侯爵怀恨在心，于是这些妒忌和怀恨侯爵的人便经常以污蔑、中伤的方式诋毁侯爵。侯爵本是一个性情刚直的人，怎么忍受得了这些人无中生有的诽谤之言呢？于是心里极为愤懑、苦恼，每天都因为这些诋毁之言行，被抱怨之心纠缠。

终于有一天，他忍耐不住了，和诋毁自己的几个人大吵了一架，而且表现出了极为激烈的愤怒。结果他因一时的不能容忍而暴发的怨恨与愤怒，正中这些诋毁人的下怀，他们借机向国王"进言"说："国王陛下，您一直都不相信我们所说的话，今天您都亲眼看到了吧，侯爵他一直都是这样倚仗您的宠信有恃无恐、耀武扬威，他对您表现出毕恭毕敬只是为了博取您的信任而已，他在您背后的所作所为简直不知用什么样的言辞去形容啊！现在连城里的老百姓都在传言侯爵的淫威之害呀！"国王原本就对大家的言论心生怀疑，但仍旧保持着自己对侯爵的信任，可是当他看到侯爵在自己面前如此地抱怨他人、不能容忍他人，不禁非常失望，于是将侯爵驱逐出了宫廷。

侯爵在离开宫廷后非常抑郁，他不明白自己究竟错在哪里，后来他在一家寺院里定居，并向住持大师倾诉了自己的苦恼，住持听后说："侯爵大人，您知道这座高山之上的佛祖雕像为什么是用花岗岩雕塑的，而不是用泥灰岩雕塑的吗？这原因不是因为这两种石料哪一种更好看，因为它们雕塑出来的效果是不相上下的，也就是说这两种材质的雕塑表象是基本相同的。但是，这高山崖顶之上，常年狂风不断，雕像经年都要经受飞沙走石的击打、损毁。在飞沙走石的击打损毁中，花岗岩可以坚毅不动地承受住任何磕打、冲击，它能在狂风大作时依然坚韧，在风暴平息后如初，我们所看到的只是它身躯上多了一些刻痕而已；而泥灰岩则不同，它用不了两年光景，便会全身风化，面目全非。侯爵，您知道为什么这表象相似的两种材质，其内在承受力会如此不同吗？"侯爵百思不得其解地摇了摇头。

住持大师接着说："因为花岗岩对于狂风的风波具有较好的吸纳和释放

素质，因而能够对风暴所产生的冲击形成平衡作用，并能够以坚韧的外表抵制沙石的磨打；而泥灰岩则不具有这种吸纳和释放风波的素质，当风暴来临时，它不能平衡风暴的冲击力，使得这股冲击力在它体内紊乱、撕裂，它自然会迅速损毁。"说到此，住持大师停顿说："侯爵，人生境遇中的诋毁，就如同这山顶之上的风暴与飞沙走石，那么您是愿意做花岗岩，还是愿意做泥灰岩呢？人生多是非，见怪不怪，不攻自破罢了。"侯爵听后，顿时如醍醐灌顶般顿悟：从容冷静地接纳诋毁、理智客观地看待诋毁，就是对诋毁之力的平衡；而以抱怨和反击去抗衡诋毁，就是在使自己更为剧烈地卷入这场风暴的旋涡，从而导致一发不可收拾的恶性结果啊！如果自己当初能够平静地对待诋毁，令诋毁之言行不攻自破，自己怎么能够失去国王的宠信呢？

读完这个故事，反思人生与生活，难道不是如此吗？举一个简单的例子，当你听到他人以莫须有之由大骂你一句的时候，你为了一发心头之怨气而上前去与之大打一架，结果是什么呢？或者是他受伤或毙命，你被警察带走；或者是你受伤或毙命，真是得不偿失。然而，如果你对这一句毫无缘由的大骂"见怪不怪"，那么他便再无兴致与你较劲了，一场风波自然"不攻自破"。当你被人诋毁之时，你的处境完全与此类似，将两种结果对比，因而我们说：没有什么比受他人损毁而去抱怨更糟糕了。

抱怨，对于任何情况都不会起到解决问题、化解矛盾的作用，反而会产生多方面的消极作用，无论是对自身心智的影响，还是对客观事态的发展，它都起到一种致命的阻碍作用。如果说他人的诋毁是在给你的人生发展埋入炸雷与导火索，那么，你自身因此而形成的抱怨就等于点燃了导火索，从而引发炸雷爆炸。

丢下包袱，心灵才会轻松

心灵的包袱，即为心灵的负累，它在人们的生活境遇中形成，包括了很多影响人们生活与人生发展的东西，对于我们在此所讲述的毁誉，无疑是形成心灵包袱的首要构成因素。包袱，之所以成为人的负累，无外乎是里面包裹了太多被人所看重的东西和不舍丢弃的东西，当这些东西超过一个人的心灵承受能力或超过一个人客观生存环境的容纳能力之后，它便会成为阻碍人的自身发展的一大障碍。当一个人过分地看重毁誉、荣辱，毁誉就会成为一个人内心沉重的心灵包袱，严重损害人的身心平衡，并且会成为一个人向着目标发展前进的重大阻碍。因而我们说，在毁誉面前，要学会看淡毁誉，丢掉心灵的包袱，这样才可以获得心灵的轻松，才可以容纳更多思想与事物，才有助于一个人的人生发展。

在《启迪》中曾经讲述过这样一个哲理故事：有一个人经常被毁誉所困，他担心荣誉的失去，害怕别人的诋毁，忧虑旁人对自己的评价。因而，这个人每日都心神不宁，担心这一天会不会有人在背后议论自己什么，会不会有人给自己正在发展、进行的重大事情暗地里使绊子；每做一件事、每做一个决定，他都会忧虑别人会怎样评价自己，是赞许还是否定？自己因此会一举成名还是会名誉扫地？就这样，他什么事也做不成，一心想得到别人的认可与赞誉，却因一事无成而一直没有人来认可他；一心害怕被他人否定和议论，却因此反而招致很多人在议论他的缩手缩脚。

久而久之，他内心越来越压抑，这种忧虑与无为的恶性循环使他的心几乎透不过气来，怎么也想不明白自己的问题到底出在了哪里。于是，这个人便来到了远处一座深山的寺庙里，想要找正在这座寺庙里暂住修行的南隐禅师帮助自己排解一下内心的苦闷与压抑。当他见到南隐禅师说明来意后，大师非常热情，并且亲自为他沏茶、斟茶。这个人不住地向禅师诉说自己的境况，却发现禅师一直在若无其事地向杯子里面倒茶水，而且一只杯子已经倒满了，禅师却视而不见地继续向里面倒水。这个人忙说："禅师，杯子已经满了，您不要再继续倒了啊！"禅师闻此，方停下来说："是啊，茶杯已经满了，无论我怎样向里面注入新水，它也无法接纳了啊。你的心灵不就如此吗？你的心里面装满了自己的患得患失，又怎样去容纳其他的东西呢？你不将心里塞得满满的毁誉包袱丢掉，又如何轻装上阵，去接纳崭新的思想与认知，去开拓你的人生呢？施主，解你困惑之症结，灵丹不在我处，而在你心哪！如果你能丢弃你心灵的负重，即便听我讲上三天三夜的禅经，也于事无补。"这个人听后，顿悟。

在此之后，这个人尝试着抛开对毁誉的注视，渐渐将目光看向前方，做事开始以自己的想法与想要达到的目标为主。渐渐地，他不再为毁誉所困，彻底丢掉了负累心灵的这一打包袱，顿感心灵获得了前所未有的轻松，并且因为他能够以轻松的心态对待生活、以无附加的思想执着于追求，最终成就了自己的事业，赢得了成功的人生。

在这个故事中，这个被毁誉所困、心生负累的人，其丢掉心灵包袱之前，一颗心就如同一个实心儿的秤砣一样，这样的心灵是不具有活力的，只有沉重，无任何轻松而言。一个人怀着这样一颗沉重的心前行，又怎能走得轻松、走得潇洒、走得长远呢？

泰戈尔曾经说："当我们自己的心灵里面包袱太多时，要丢掉它们；面对我们得不到的东西，也必须丢掉它们，而不是继续让它们影响我们的生活。"现代哲人说："不要让心灵负载太多，它会老化你的心灵，侵蚀你的美丽。抬头，向前看，任风吹落你的帽子，记住：不要弯腰去拾，有可能它并不属于你，更有可能好的在后面——你的人生之路上。因而，你不要为吹伤你的风而负重，更不要为因此而丢失的帽子而痛心。"

有一位知名的泰国企业家，在他还没有开创自己的企业之前，在一家非常著名的大公司做部门经理，因为自己的才能遭人妒忌，敌视他的人联合起来诋毁他，在一次事件中借机污蔑他，使得他失去了董事会的信任，被公司开除。当时，这位企业家的心情低落到了极点，因为他人的诋毁在一些相关公司中都产生了影响，这严重影响了他日后的工作应聘。但是他很快就意识到："自己再怎么样不能放下之前意气风发的经理人生涯的风光与骄傲，也回不到从前了；自己再怎么放不下对这一群小人的怨恨与愤懑，也不能够再扭转局势了；自己再怎么放不下这一次突变所带来的打击，也无法改变已经发生的事实了。而这些放不下无异于是在自己折磨自己，与其使自己身心痛苦，不如彻底放下这些，以轻松的心境去创建自己以后的人生。"想到这些，他重新振作了起来，找回了从前的快乐与斗志。因为他的妻子是做三明治的能手，他便让妻子每天在家里做三明治，自己每天到大街上去叫卖。凭借自己多年的销售经验和妻子出众的手艺，他的生意越做越好、越做越大。几年后，他创建了自己的企业。8年后，他被泰国《民族报》评选为"泰国十大杰出企业家"。

回首自己曾经的那一段经历，这位泰国企业家说："人生荣辱成败皆为寻常，一个人是为了追求更好的生活而在意这些的，如果这些反而成为生活的负重、心灵的负累，那么又何苦再去在意它们呢？继续纠结下去，使心灵痛苦、生活苦闷，又怎样去发展自我与人生呢？在任何境遇之中，唯有能够放下这些不该继续背负的心灵负累的人，才能够救赎心灵与自我。"

可见，丢下包袱，心灵才会轻松；心灵轻松，才能够更好地享受生活，才能够更好地发展人生。希望你能够记住这位泰国企业家所总结的这段话，以没有负重的心灵去轻松生活，开创自己的精彩人生，千万不要让毁誉成为你心灵的负重。

第十三辑

面对诱惑，要有"只留清气满乾坤"的自律心态

人生时时都面临着诸多诱惑，权重的地位是诱惑，利多的职业是诱惑，光环般的荣誉是诱惑，欢畅的娱乐是诱惑，甚至漂亮的时装、可口的美味佳肴都是诱惑……面对这些诱惑，我们该何去何从？面对诱惑，洁身自好，抱着"只留清气满乾坤"的自律心态，耐得住寂寞，抵得住诱惑，这才是正确的选择。

不盲从，提高控制力

我们是不是都有过这样的经历，虽然我们知道一件事情不能做，但是心里却有一种抗拒不了的力量在驱使着我们去做，我们真的去做了。比如当我们知道自己的作业还没做完，不应该打开电脑玩游戏，但是内心中的那种力量还是支撑着我们玩了；当我们看到美丽的衣服，尽管家里的衣橱里面已经有了好几件，但是我们还是禁不住那种渴望，在内心中那种力量的驱使下，买了。这种力量，即是我们常常说的诱惑吧！

要想做到不盲从，我们必须充分地认识不良诱惑的危害性。

第一，不良诱惑不仅仅伤害我们的身体，而且还毒害我们的心灵。据某报刊几年前报道，天津市14岁的少年二东突然精神失常，经母亲查证原来是色情声讯台设下的温柔陷阱使他无力自拔，并一个月欠下了3709元电话费。少年不知道，那个听上去声音轻柔甜美的话务小姐，竟比母亲还大12岁！最终二东不但彻底辍学了，还患上了反应性精神病。他不停地磨一把水果刀，晚上还要把刀放在枕头下面，而饭吃得越来越少。妈妈悲痛欲绝，几次想抱着儿子跳进海河。

第二，不良诱惑能够让一个原本优秀的人变得懒散、退步，甚至自甘堕落，屏蔽人对理想的追求。前不久，上海大学劝退了81名学习成绩不好、在几个学期内没有修完规定学分的大学生。据介绍，导致这81名大学生被集体劝退的主要原因之一，是绝大部分学生沉迷于网络游戏而不能自拔。

第三，不良诱惑能够让人铤而走险，走上犯罪的道路，从而危害到他人的安全和社会稳定。

某网站曾经报道过这么一条新闻：因为急需用钱买电脑，2004年3月初，王明、刘兰、李小军预谋在青岛市抢劫车辆。9日下午4时许，王明、刘兰、李小军纠合另一被告人吕君携带手铐等作案工具，由王明驾驶桑塔纳轿车进入青岛市，伺机作案。10日，4人驾车在青岛市沿海一带寻找抢劫目标。当晚10时许，4人在青岛东海路附近发现被害人王华独自驾驶白色宝马轿车，沿东海路自西向东行驶，遂驾车尾随。王明故意驾车撞击宝马车尾部，当王华下车查看时，王明、刘兰、李小军则采取恐吓、手铐铐手等暴力手段，强行将王华挟持至宝马车内，抢劫价值人民币50余万元的宝马车一辆以及价值人民币1600余元的三星手机一部。后王明驾驶抢劫的宝马车与刘兰、李小军挟持王华逃离青岛市。11 日凌晨，王明、刘兰、李小军将王华挟持至栖霞市王明叔叔闲置的房屋内藏匿。但因唯恐罪行败露，13 日晚 10 时许，3 人采取手铐铐手、电话线勒颈、用棉被蒙头等暴力手段，将王华残忍杀害，后抛尸于招远市一废弃矿井内。后经法医鉴定：被害人王华系生前颈部被钝性外力作用致机械性窒息死亡。2004 年 8 月 5 日，四罪犯在招远市玲珑镇被公安机关抓获。

　　面对无处不在的诱惑，我们应该作出什么样的反应呢？我们是任由诱惑带着走，还是用我们的理智战胜面前的诱惑呢？现实当中，有很多人都抵挡不住诱惑，任性而为，想到了什么就做什么，怎么舒服就怎么做，从来不去考虑其他的因素。其实，真正能够抵制住诱惑的人，将来一定能够有大的作为的，因为这种人不盲从，有控制力，他们不会因为外在的环境和诱惑而受到影响，不被自己一时的冲动而左右，对身边的每一件事情一定都会经过深思熟虑，这样，被一些不良诱惑引诱的机会就少了，成功的机会当然就大了。

　　面对诱惑，我们要有控制力，不要盲从。现在的社会当中，充满了形形色色的诱惑，假如我们抵挡不住身边一个又一个的诱惑，没有良好的控制力，那么，我们就会成为诱惑面前的奴隶，被诱惑所俘虏。如果我们能在一个又一个的诱惑面前提升我们的控制力，抗拒那些不良的诱惑，保持原本的真实的自我，那么我们就能做好自己面前的事情，成就一份辉煌的事业。写成了《红楼梦》的曹雪芹，曾经童年和青年时过着衣食无忧的生活，但是到了后来，家庭突遭厄运，发生了巨大的变化。原本，遭遇了巨大变故的曹雪芹，应该去找一找他祖父在官场上的关系，去当个小官还是没有问题的；或者发愤读书，去参加科举，凭他的才能，完全是有希望东山再起的。但是，曹雪芹没有这么做，他埋头于自己的文学梦想，经历很多的艰难之后，终于写出了历史上最有名的一部小说《红楼梦》。相反，如果没有足够的控制力，禁受不住诱惑的考验，那么就难以保持住原本的自我，更别说做好自己的工作了。我们都知道英国的牛顿是个伟大的科学家，发现了万有引力定律，但就是这么一个伟大的科学家，在晚年的时候，没有抵制住神学的诱惑，放弃了自己的科学信仰，白白浪费了十几年的生命。

对那些控制力不强的人来说，抵制诱惑的能力是可以慢慢提升的。一个人在面对诱惑的时候，作出了错误的决定，往往是因为缺少别人监督的结果，这个时候，人的内心往往存在着一种侥幸的心理，这是人之本能。要提升我们面对诱惑的控制力，战胜本我，只借助于我们的理智。但是当我们自己做不到的时候，我们也可以借助周围人的力量，让周围的人来监督我们、提醒我们。

慎交友，提高判断力

伟人告诉我们，朋友要交，但是要做到心中有数。对我们来说，这个所谓的"数"，就是我们要对自己将要交往的朋友有个判断力，谁是真正帮助自己往好的方面发展的朋友，谁是用金钱美色引诱自己的朋友，心中要有个数。

我们真正的朋友，应该是一个善良正直的人，应该是有利于我们身心健康发展的人，应该是能够把我们往正确的方向上引导，给予我们良好影响的人。对身边那些敢于直言、敢于说真话的朋友，我们应该深入地交往；对身边那些想方设法引诱我们、满足我们、不断用所谓的小恩小惠拉拢我们的朋友，我们要保持足够的警惕，看清他们的目的，这样的人，是毒瘤、是蛇蝎，根本不是我们真正的朋友。因此，在交友的过程中，我们要冷静地观察，仔细地甄别和判断，对那些引诱我们犯错误的人，在今后的交往中要保持足够的清醒，不要被他们的言语和行为所误导。

曾经有这么一篇文章，描写曾经轰动过全国的杀手杨某。这个优秀的退伍青年，一个品格非常正直的有为农村青年，在部队上和村子里都被大家称道、讨人喜欢的青年，却成了当年杀害香港亿万富翁林某的凶手。这个曾经那么正直、那么憨厚的农村青年，在扣动手中扳机的时候，是那么冷静。贫穷是造成他犯罪的一方面，但另一重要的原因是，他心中的所谓江湖义气，交友不慎，毁掉了这个曾经优秀的青年。

杨某出生在一个家教非常严格的家庭里面，从小为人就非常热情，在部队上服役的时候，曾经参加过一场亿人瞩目的长江抗洪，是一名令人尊敬的抗洪英雄。但是，一个"坏朋友"将他卷入了一场看似无关紧要的打斗，从此将他带上了一条不归路！就这样，这个讲究江湖义气的小伙子，交友不慎，在朋友的影响下最终断送了自己大好的人生前途。假如没有那个"坏朋友"，没有那份所谓的江湖义气，那么，现在的杨某或许依旧贫困，或许是一名穿梭在城市角落的打工者，但是平凡的日子对他来说，也是一种幸福吧。

　　下面这个人的故事也能充分地说明慎重交友以及提高自己判断能力的重要性。

　　小李曾经有一次差点成了所谓的"枪手"。去年这个时候，曾有一朋友托小李做考试的"枪手"，小李当时碍于所谓的讲意气，就不假思索地应承了下来。这件事情的起因其实很简单，小李的这个朋友，曾经在先前的时候帮助过他。事情过后，小李一直想要请这个朋友吃顿饭，表示一下自己的感谢，但是一直找不到合适的机会。去年的一天，这个朋友找到小李，说是她的一个朋友托她找个人帮帮忙，顶替一下考个试。先用自己的真名字去报名考试，赶快做题，提前半小时把答案带出来就行。小李当时一听，无非就是找自己做个试题而已，小事一件，就像自己帮着同学做作业一样。所以小李也没往深处想，就答应下来了！滴水之恩，当涌泉相报，终于有个机会报答这个朋友了，小李真感到很兴奋！

　　后来，小李见到了朋友嘴里所说的"朋友"，那个人说辛苦一场，一定有报酬的！小李当时听了有点纳闷，不就是做个题嘛，帮个小忙，还要什么报酬呢？何况，他也是我朋友的好朋友，我根本不可能要任何的酬劳！对方开出的条件是：5000 块钱或者一个 IBM 笔记本，随小李选，若觉得报酬少，还可以加码！说实话，对小李这个"穷人"来讲，确实是天价啊，有一种一夜暴富的感觉！不知为什么，金钱让小李产生一种莫名的恐慌。既然帮朋友是情分，如果连这都要用金钱来计算的话，这件事情本身就已经变了性质！晚上，小李躺在床上，一夜未眠，反复琢磨这件事情，最终想清楚了它的性质：犯罪！差点为了友情断送自己的前程！而让小李惶惑的是，当他很为难地跟这个朋友讲不能做违法的事情时，她居然埋怨小李怎么能答应这种事情呢？她说："唉，我是碍于面子，把你找来。我想，你肯定会拒绝的，这种违法的事情，我们是坚决不能做的！"听了她的话，小李简直要气晕倒！小李明明是为了报答她，才答应这件事情，甚至连事情的性质都没有思考清楚，一时义气，而她却说出了这样虚伪的话！又想当好人，又不愿做实事！为了自己的面子，可以出卖朋友的利益，引诱朋友去做犯法的事情。此后，她被小李从心里彻底删除了！

　　这是两个很值得我们借鉴的事例。在我们的生活当中，不良的引诱无处不在，而所谓的朋友则是引诱我们的最重要的一环。一个益友，可以让我们进步，可以用他们正直的品行与德行来帮助我们有所提升；损友，则无疑将会潜移默化地侵蚀着我们善良或者原本美好的天性，引诱我们一点点误入歧途！

忍得住寂寞，独享自在和轻松

面对诱惑，我们要有自律的心态，耐得住寂寞，忍得住诱惑。一个人独享自在和轻松，也是一件非常有情调的事情。那些成功的人，大多都是长期默默无闻地行进和低头苦苦地奋斗。古代科举成名的学子，哪个不是十年寒窗苦读，最后才一朝登上殿堂。假如这些学子们不能忍受住寂寞，那么，他们又怎么能把全部的心思花在读书上面，又怎么能够学富五车、才高八斗呢？

我们当中的许多人，一旦心中滋生了寂寞，那么，即使他身处闹市之中，也会觉得自己形同沙漠中的独行者，感到孤身一人，感到空虚无聊，感到落落寡欢，以至于到了最后，精神开始莫名其妙地焦躁起来，整个人都压抑得没法说，一点前进的意志都没有了。在大多数日子里，我们都在感叹时间过得飞快，白驹过隙之间，一天也就过去了。但是，当我们处在寂寞的时候，却又感叹时间的缓慢，大有度日如年之感，因而我们中的大多数人，总是在想尽办法排解身边的寂寞。

有的人说，甘于寂寞是人生当中的一种消极厌世的表现，是一种对自己人生极不负责的态度，是一种与世隔绝、自命清高的做作。其实，这种看法是有偏见的。能享受寂寞、忍受得住寂寞的人，并非他们眼中的那种离群索居的人；也不是清心寡欲，要去做和尚和尼姑的人；更不是活得不耐烦了，消极厌世、沮丧颓废的人。所谓的甘于寂寞，乃是面对诱惑时的一种超然，是一种自在和轻松。甘于寂寞，是漠视引诱的一种表现，是淡泊明志、宁静致远，是脚踏实地默默耕耘的一种精神境界。正因为如此，忍受得住寂寞的人，常常能够拥有自己的心灵境界，最终也往往能够忍受得住寂寞，成就出自己一番大事业来。忍受得住寂寞的人，有自己的理想和目标，更有一颗经受得住寂寞、乐于奉献和钻研的心。也正因为如此，忍受得住寂寞的这类人，不乏强烈的自信心和自尊心，他们不但能够在引诱面前脚踏实地地工作和奉献，还能用自己的良知和理性严格地塑造自己、鞭策自己和不断地完善自己。想干大事的人，就要经得住诱惑，忍得住寂寞。

忍得住寂寞，独享自在和轻松，才是一个人的成功之道。我们大家都知道，无论是过去还是现在，做一个律师通常是一份既赚钱又有身份地位的工作。当年，大文豪巴尔扎克的父亲也是抱着这种看法，要求巴尔扎克去学习法律的，但是巴尔扎克抵制住了金钱和名利的引诱，忍受住了寂寞，宁可蜗居在租来的小房子里面，靠着朋友们的周济过日子，也从来没有放弃过那份执着忍受的寂寞，也没有改变他最初的志向。正是他的这种能够忍受得住寂寞，能够拒绝诱惑的自在和轻松，才使他在以后成为了举世闻名的大文学家，才使他的作品能够成为文学史上璀璨的明珠。

忍受得住寂寞，即使在最艰难和最屈辱的时候，也能独享自在和轻松。司马迁做官，完全可以像其他的官员一样，皇帝怎么说他就怎么做，皇帝说什么他就跟着说什么，拍马谄媚，不坚持、不违逆，这样就永远可以无忧无虑，可以得到高官厚禄。但是司马迁并没有被眼前的高官厚禄所引诱，只要自己认为对的，认为对国家和人民有帮助的，他就向皇帝进言，敢讲真话，结果遭受了耻辱的宫刑。但是这耻辱的宫刑又能怎么样呢？司马迁忍受住了屈辱，放下了所有的顾虑，更忍受住了寂寞，在内心的自在和轻松中写出了名垂千古的巨著《史记》。

其实在寂寞里也能寻找到轻松和自在。比如一个人找一个幽静的地方，独自静坐，绝对是件非常轻松自在的事情。由最初的忍受寂寞到享受寂寞，就让人觉得非常有意思了，远离诱惑，享受寂寞，其实能让我们做很多很多的事情。比如我们可以看看闲书或者写一页心情笔记，记录一下工作的感受；看着一杯清茶或者咖啡在我们面前冒着热气，沁人心脾的香味而制造着温馨和浪漫。这种时候，诱惑再也和我们无关，浮躁也远离了我们，平日里一天也做不出来的事情也许一下子就能完成。在家里的时候，有电视和电脑游戏的诱惑，把我们设定下来的计划全部都打乱了。所以，找一个幽静的地方，即便是看窗外行人的身影，也能让我们在寂寞中感到轻松和自在。

寂寞能让人平静下来，能带给我们久违的自在和轻松。它能够让我们抵制住诱惑，远离那些温柔甜蜜的陷阱。它也能让我们变得平静放松，让我们在这份轻松中获得更多的灵感。在这个到处都充斥着诱惑和繁杂的世界里，其实寂寞并不如我们想象的那么可怕，相反，我们缺少的正是一份久违的寂寞。忍受住了寂寞，享受了寂寞，也就获得了自在和轻松，也就走在了一条迎接繁华和辉煌的路上。

了却繁杂，让心田润泽

有句话概括出了世人内心的繁杂状态：人为财死，鸟为食亡。人为什么要为财死，鸟又为什么要为食亡呢？其实很简单的一个道理，在人的世界里，欲望很多，诱惑也很多，而要满足这所有的一切，都要靠金钱来解决，所以金钱也就使很多人用宝贵的生命来搏一搏了。同理，鸟儿为了活着，它要吃东西，一天不吃就有饿死的风险。从这句话里，其实很容易看到一个人的内心世界其实是很繁杂的，想要的东西很多，具有诱惑力的东西很多，这才有了为财舍命"壮举"的出现。

其实，了却繁杂，让我们的心田润泽，这样我们才能活得轻松快乐。面对各种各样的诱惑和欲望，简简单单，不失是一种生活的境界。还记得小时候听了无数次的那首《童年》歌曲里描绘的意境："池塘边的榕树上知了在声声地叫着夏天，操场边的秋千上只有蝴蝶儿停在上面，黑板上老师的粉笔还在拼命叽叽喳喳写个不停，等待着下课，等待着放学，等待游戏的童年……"每次想起这美丽的歌声，是不是就想起了那没有繁杂，简单而又单纯的童年？这种了却繁杂，让心田润泽的生活，是抛弃所有无关的诱惑，忘掉一切喧嚣烦恼，让心灵得到宁静的生活。就像佛家所宣扬的那样，空是一种生活的真谛。对我们每个人而言，春夏秋冬，每一个季节都是一个宁静的音符，但是它们却谱写了一曲别样的歌曲，美妙而又多彩。这了却繁杂的歌曲，是大自然慷慨给予我们的礼物，只要用同样了却繁杂的心去感受，才能感知到那份久违的宁静和美好，才能享受到它带给我们的那份简单的快乐和执着。

我们生活在这个处处充斥着诱惑的社会里，虽然不能100%地隔绝形形色色的诱惑和繁杂，远离喧嚣，但是只要我们有心，还是能够找到那份心田的润泽，努力地编织起只属于我们的简单世界。当繁忙的学业和工作压得我们透不过气来的时候，当许许多多的诱惑让我们欲罢不能的时候，我们可不可以暂时放下手中的笔和事务，暂时关掉面前的电脑，走出这个繁杂的空间，摆脱这个由各种各样的诱惑和欲望编织成的网，简简单单地走一回？也许，当我们抬头看天的时候，我们才发现，曾经蓝蓝的天依旧是那么蓝，外面的世界依旧生机勃勃，并不因为少了一些所谓的"追求"而停止它们的生活，小草在茁壮地成长，小鸟在树梢上唱着美丽的歌，远处农舍里的大母鸡也依然在"咯咯咯咯"地叫着，领着一群小鸡，四处寻找着小虫子……

我们拼命去追求那些繁杂的诱惑，积累财富，其实是对自己的压抑和迫害，也是对整个社会的一种亵渎。钱不在多，够花就好，我们何必为了多余的钱财而去奔波劳累呢。但是诱惑无处不在，欲望永无止境，刚刚走出学校的人，最初的理想是能吃上饭，能有一点点的零花钱，能买上几本好书、好衣服；后来工作久了，有了一些积蓄，就盼望这积蓄多起来，买了电视机，买了冰箱，还想买小汽车，想当个大官，想在外面有几个红颜知己。其实我们大家心里面都知道这个道理，钱再多，也满足不了无穷的诱惑和欲望，永远也不会觉得钱够用，永远会感觉到生活的压力。其实，这并不是我们的钱少，而是我们内心的欲望太多，我们面前的诱惑太多。诱惑一旦套上了我们，我们也就甩不掉了，被它紧紧地抓住，耗尽我们的生命。人生有限，诱惑多多，在这个什么都用物质来衡量的世界里面，我们就得拼命地挣钱，结果成了金钱的奴隶，成了诱惑的棋子，而我们了却繁杂，让心田润泽的心愿也就无处实现了。

　　让心远离诱惑，了却繁杂，让心灵润泽，我们就会发现，原来看惯了的装饰，闻惯了的各种味道，听惯了的汽笛，都变得不一样起来，亲切了，动人了。放下繁杂，让心灵润泽，去亲近美丽的大自然，看漫山遍野的草木，闻扑鼻而来的泥土花香，听那些大自然的天生演奏家们演奏的一曲曲浪漫明快的歌曲……享受这份安宁与平静吧，了却了繁杂，简单地活着，也不再去向往那种纸醉金迷的霓虹灯下的生活。了却了繁杂，简单地活着，并不意味着我们放弃了目标，也不能说明我们今后的生活就碌碌无为起来。了却了繁杂，就专一了目标，在平静中积蓄着力量，为将来的理想积聚着能量。

面对名利，要有"千金散尽还复来"的舍得心态

　　名利，似乎是这个世界上的人终生都无法躲避的存在，任何人都免不了要和名利打交道，更何况，追逐名利是人们的一种自然本性下的选择，有几人会在名利面前真的做到心如止水呢？但是，名利总是"有可为，有不可为"的，这个世界上绝大多数人都喜欢金钱与地位，然而金钱与地位对很多人来说并不是"想而有之"的，要知道名利是一种可求不可得的东西。面对名利上的得失，抱着"开窗放入大江来"的舍得心态就显得非常重要了，千万不要让无止境的欲望把你压得痛苦不堪。

不要让自己背负太多东西

　　古语云："燕欲轻飞，必先身减余重。"这句古语是说，雨燕在即将出巢远行前，为了能够更加轻松地飞翔，在离开巢居前，会先减轻体重。此言意在以雨燕为喻，警示人们要在必要时，懂得放下自己所背负的名利欲望，以使得自己以一颗无负重的、轻松的心灵去前行。在这个世界上，很多人都常为名利所困，为名利所累，在原本已经充满艰辛的人生路上走得更加坎坷，

而名利这些身外之物带给自己的又是什么呢？只是人生路上的负重罢了。因而我们说，人奔走于世间，要学会释怀与舍弃，不要让自己背负太多东西。唯有放下自己所背负的名利重负，才可如减肥后的雨燕般，轻松地飞翔，飞向更远、更高的天空。

《伊索寓言》中有这样一个哲理故事：从前，有一个富翁，家财万贯，名利双收，可是他却怎么也无法生活得快乐。富翁每日为了守住家财、为了创造更多的财富、为了享有更高的声誉，几乎绞尽脑汁，搞得心力交瘁。但尽管如此，他在旁人艳羡至极的生活中，依然感到一种无可释放的苦闷与焦虑，并时常感觉自己的心灵与精神几乎已行走在崩溃边缘，更无一点快乐而言。这样的生活让这个富翁实在忍受不下去了，于是他打算出门远行去寻找在自己的生活中怎么也寻找不到的快乐。于是，这个富翁背上一大包金银财宝出门了。可是，富翁一连走了两个月，踏遍千山万水，也没有寻找到快乐。美丽风景不能带给他快乐，美食美酒不能带给他快乐，歌舞之乐也不能带给他快乐。这让富翁愈加感到苦闷，他心想，自己带着这么一大包珠宝远行寻找快乐，怎么竟然一点快乐的影子都找不到呢？他也询问过许多人，可是别人的答案都不能带给他快乐，别人的快乐也无法感染他的心境。

这一天，已经沮丧至极的富翁来到了一座山中，他看到一个樵夫背着一大担柴火、唱着山歌从对面走来。于是，富翁赶忙走上前去，问樵夫："请问这位兄弟，哪里才能寻找到快乐呢？我愿意用我这一大包财宝来换取快乐。"樵夫听后，放下肩上这一担沉甸甸的柴火说："快乐嘛，很简单啊，当我放下这一担柴火的时候我就会觉得非常快乐。"富翁听后，顿如醍醐灌顶，他幡然醒悟，原来自己走了这么远都无法寻找到快乐，是因为自己背着一大包财宝啊！自己每天都担心身上的财宝被贼人偷盗、被自己遗失，因而吃不香、睡不着，更没有兴致欣赏美景、品尝美食、观赏歌舞了，这怎么可能快乐呢？自己在家时不也是一样吗？自己每天担心家里的财富会遭遇不测、担心自己的名誉会因为一时的马失前蹄而毁于一旦，极尽心思地去保护、创造财富，去维护、建树声望、地位，还能有什么心思去享受生活的乐趣呢？

顿悟到这些之后，富翁每到一处，就将自己包裹里的财宝分给当地的穷人，当他的包裹越来越轻时，他也越来越感觉自己是一个非常快乐、幸福的人了。自此之后，回到家中，富翁再也不像以前一样死守名利，他将名利的包袱完全放下。从此，富翁成为了一个幸福的人。

在这个故事中，富翁为财富、声望、地位所困，背负了太多得失、荣辱、名利的担子，丢失了快乐，无法享受生活的美好，在现实生活中这种类似的情况不也是普遍存在吗？在现代社会的生存压力与发展压力中，生活节奏越来越快、竞争越来越激烈，使很多人于无形间陷入了名利角逐的旋涡中，使身心背负了太多因名利而生的欲望、奢求、忧虑等重负。为了争夺利益、地位，很多人或自觉，或不自觉地将自己的一颗心押在了名利场上。这些身心所背负的利益和对利益的期望，成为一副枷锁，紧紧桎梏了人的自由心灵、禁锢了人的快乐生活；同时因背负过多负重而产生的压力，引发了诸多不良心态，这些心态的失衡与愉悦的丢失，久而久之会严重阻碍一个人的人生发展，形成一个人自身发展前进路途中的障碍。

因而我们说，人应该学会放弃，不要将太多名利场中的负重背负在自身。古人说："功名利禄，瞬间为土。"就如《红楼梦》中妙玉所言："纵有千年铁门槛，终需一个土馒头。"那么，我们为何要背负这些身外之石头呢？

要知道，财富、地位、声望等名利之物，其存在是为了保障人们的生活，人们需要这些东西是为了使生活更美好，为了使自己和家人能够更好地享受人生。简言之，人追求名利的目的，从其本质上讲是为了创造美好生活、享受美好生活。那么，当你因追名逐利、背负名利之重而影响到你的心境、影响到你对生活美好的感受之时，你这一种对名利这身外之物的过多背负岂不是得不偿失吗？它存在的价值与意义又在哪里呢？如果是这样的情况，你所背负的名利之物与名利之欲，已成为你生活中的阴云而非阳光，已成为你人生中的负累而非动力，那么，与其背负这些过多、过重之物，不如将其全部抛舍。因为它们已经成为你人生的包袱，唯有丢弃，才可轻装前行，创造并享受更精彩的人生。

人生之中真正的赢家，不在于你创造了多少财富，不在于你拥有多么显赫的地位，不在于你拥有多么令人艳羡的、光鲜的生活外表，而在于你自身感受到的幸福有多少。当你拥有这种人之所羡，却失去了生活的本真幸福，你的自我人生仍旧是一种失败。因而，一个真正懂得生活、懂得人生发展的人，就要懂得以一颗平常心去看待名利，不让自己背负太多负重，不让自己成为名利的奴隶，永远做精彩人生的主人。

你之所有，别人之所羡

在生活中，人们总是习惯于将自己与他人对比，而后总是看见他人在某些方面比自己强、比自己优越，因而不禁心生艳羡，并在羡慕他人的同时对自己的状况和拥有产生一种自卑心理，或因此而一心想要超越他人，徒增自己的负累，或因此而心生悲叹，抱怨自己的人生。

例如，我们总是在生活中不由自主地去羡慕身边之人所拥有的一切，我们羡慕他人的工作比自己好、羡慕他人的房子比自己大、羡慕他人的地位比自己高、羡慕他人的人际关系比自己广泛、羡慕他人的种种特长、种种优越，为此而使自己经常处于一种不平衡的心理状态之中，这种不平衡的心理状态使得我们徒增很多烦忧与压抑，既不利于身心协调也不利于生活与工作的发展。

其实，这样一种因对他人艳羡而使得自己内心无法平衡的根源不在于生活的不公，而是根源于我们自己内心的"不知足"。生活本身并不存在任何不公，要知道，物各有所长，"你之所有，别人之所羡"，不知足者，常为他人之有而苦之，知足常乐者，常为自己所有而悦之。

有一户农家饲养了一只羊、一头牛和一群鸡，它们之间互不干涉，各自过着自己的生活，农夫每天给它们不同的饲料，尽心照顾它们，他期盼着羊快些长大、牛多给自己干些活、鸡多生一些蛋。唯一让农夫担心的是，经常有老鹰飞来，偶尔便会叼走他的一只鸡。到了快过年的时候，农夫想要为他所饲养的这些家畜、家禽们实现一个愿望，因为毕竟它们在这一年里给自己创造了很多的价值。

于是农夫问羊："羊啊，再过几天，我就要宰你了，你有什么心愿吗？我一定会尽力满足你的。"羊回答说："主人，谢谢您，如果我来世可以再活一次，我想做一头牛，牛虽然工作累点，但它有个好名声，而且人们都疼爱它。"农夫听后叹口气，心想原来在这些家畜的世界里牛的生活才是最好的啊。

农夫又走到牛棚，对牛说："牛啊，你这一年为我做了很多活，你有什么心愿要我帮你完成吗？"谁知牛立即回答说："我的主人，如果你可以选择我的来世，那请你让我在来世做一只羊，羊的生活是多么幸福啊，它不用卖力气干活，从来不用流汗水，真是比神仙还要享福啊！"农夫听后，不禁感到有些纳闷，羊羡慕牛的生活，牛羡慕羊的生活，它们到底谁更幸福呢？真不知道鸡想要的是什么。想到这里，农夫急忙向鸡窝走去。

农夫对鸡说："鸡啊，你一年为我们家生了很多蛋，现在你有什么愿望吗？我会尽力帮你完成的。"鸡听后不假思索地回答说："如果您可以让我再活一次，那么我想要做一只老鹰，我想像它一样在天空中翱翔，云游四海，还可以任意地去捕杀鸡和兔子。"农夫听后，不禁想，看来鸡才是最可怜的啊，不知道什么时候就成为老鹰的腹中之餐了！

农夫对着天空喊："老鹰啊，你是它们之中最自由的动物了，真不知道你的心愿会是什么啊？"谁知，听到农夫的喊话，老鹰立即出人意料地回答说："如果我可以再选择一次生命，我想做一只鸡，它不用辛苦地捕捉食物，就可以有水喝，有米吃，有大房子住，还受到人类的保护，这是多么幸福啊！"

农夫听后，顿时明白了一个道理：原来在这些动物之中没有谁是真正的不幸，也没有谁是完美的享受者，它们各自羡慕着对方，因为各自都拥有着自己所有而别人没有的"优越"。想到此，农夫不禁为自己一直以来对地主、财主的羡慕感到可笑，地主与财主虽然拥有着自己不可比拟的财富，但自己所拥有的清静、安宁、和睦的大家庭不正是他们所不能拥有的吗？自己可千万不能像这些动物一样因为贪恋他人所拥有的名利，而使自己的生活陷入悲苦之中啊！

这一群动物忽略了自己所拥有的幸福，反而因为艳羡对方的幸福而使自己陷入痛苦，如果它们能够将思维与认识颠倒过来，多用自己的拥有与他人的不足相对比，那么它们一定能在自己的世界里生活得轻松而快乐。我们又何尝不是如此呢？人总是将目光锁定在他人的名利双收上，却忽视了自己所拥有的、自己本该享受的生活本真；而反过来想，我们所艳羡的那些人，一定也存在着他们的苦恼，或许他们所苦恼的、不能拥有的，正是我们自身所拥有的，他们一定同样在羡慕着我们啊！因而，一个人如果能够正确认识到自己的拥有、珍惜自己的拥有，常以知足之心去看待生活，那么，我们的人生境遇与心境感受将会是完全不同的另一番景象。

一个真正懂得享受生活的人，必然会懂得平衡"知足"与"欲望"之间的关系，我们要做的是在正确认知自己与他人差异的基础上，在客观条件允许的范围内不断地尽力自我完善、创造更多生活的幸福。正所谓"临渊羡鱼，不如退而结网"，如果我们想要更好地享受生活，就必须在珍惜所拥有的基础上，脚踏实地地奋斗，而不是让他人的拥有成为自己的包袱，困住自己的心灵与人生。

著名作家冰心的座右铭是："知足知不足，有为有不为。"这其中的道理便在于：知足常乐，退而结网。如果一个人能够真正满足于自己已经得到的东西，那么你必然会感受到满足感所带给你的喜悦与幸福；如果一个人能够正确理解自己的欠缺，那么你必然会以一颗安分之心结网求鱼，而不是为羡他人之鱼而自苦。

"你之所有，他人之所羡"，一个能够满足于自身拥有的人，才能够心无负累、身无羁绊地去创造更多生活的幸福，收获成功的人生。

活得简单一点

莎士比亚曾经说："简洁是机智的灵魂；因为简单，便是极致。"我们说，人要活得简单一点，不是说人在生活中面对各种处境"睁一只眼，闭一只眼"，更不是说人在必要时刻"揣着明白装糊涂"，而是在说，人要懂得在经常波涛四起的生活中如何去寻求心境的平静与祥和，而不是为了世间的你争我夺而陷入名利角逐的旋涡中。这样的简单是一种大智慧，更是一种心智的体现，它是所有成功人士所普遍具有的共性特性；这样的简单，是一种"大家"的气度与风范。

现代社会，对于物质生活的追求、对于名利地位的角逐，显然已经成为大部分人在生活中的竞争核心，很多人为了一己之私、一时之名而在名利场中钩心斗角、尔虞我诈，真是煞费苦心、玄机暗藏，而机关算尽时，多少人不是"聪明反被聪明误"呢？社会原本已经将我们的生活环境纠结为一个复杂体系，竞争、压力、不尽如人意的人生境遇等负面因素已经充斥在我们的生活中不能排除。如果在如此的情况之下，我们还要以一颗纠结的心去加重生活的复杂化，那么，我们岂不是自寻苦恼吗？

一个懂得如何享受生活、如何发展人生的人，总是善于运用简化的"大艺术"与客观认知使生活简单明快、使心境平静安宁。唯有如此，以一颗淡定的心安分与简单地生活，一个人才可以甩掉因欲望所生的负重，才可能感受到生活的乐趣与美好，才可以于纷繁错乱的社会中认清一条真正适于自己人生发展的路途，并心无负累地前行。

从前有一个人，每天都生活在无穷无尽的苦闷中，不知道快乐是什么滋味，也不知道未来的路究竟要怎样走才能取得成功。他想成为当地的一族之长，他认为自己要成为最知名的人，才可以赢得成功的人生，可是在这个部族中有人比他更优秀、更具领导能力、更具道德素养，因而他每天因不得志而抑郁；他想做这一带最富有的商人，他认为唯有巨大的财富才可以创造出生活的乐趣，才可以使自己不白活一回，可是因为他急功近利，仍是一无所获；他想拥有一位最漂亮的老婆，他认为这是人生的一大美事，可是他的老婆却在一场意外的火灾中毁容，在脸部留下了一道很明显的疤痕，他寻遍名医也没有人能除去他老婆脸上的这道疤痕，于是这道疤痕就如同长在了他的心里一般，让他再也无法去爱自己的老婆；他想拥有一群最乖顺的孩子，他认为这才是天伦之乐的一大幸福，然而他的孩子淘气顽劣，经常惹他生气。就这样，这个人凡事都希望做到最好、得到最好，他追名逐利、渴求完美的心总是纠结于各种角逐与苦闷中，他不知道为什么生活要这样蹉跎自己的意愿，所有完美都无法实现。因此，他越是要厘清这些纷繁复杂、是是非非，越使自己陷入更深的烦恼之中。

一天，他决定去拜访高山之上的圣僧，希望圣僧能为自己指点迷津，解开苦闷的枷锁。当他细细地对圣僧讲述了自己的生活之后，圣僧笑着问他："你看，我养的这只小金龟漂亮吗？"这个人仔细地看了一下圣僧递过来的一只钵盂，发现里面有一只金色的小龟，龟壳熠熠生辉，龟身小巧可爱，他不禁赞叹说："这只小金龟太美丽了，简直完美无瑕啊！"圣僧随即递给他一个放大镜，对他说："你用这个镜子观看一下，看看这个小金龟是否真的完美无瑕呢？"这个人按照圣僧的话去做了，结果让他非常吃惊，在放大镜下，他看见小金龟的龟壳上生长着很多细菌，无数条恶心的小虫子在蠕动，简直丑陋不堪。看到这个人惊异的样子，圣僧接着说："你用简单的目光去看它时，它展现给你的是它的美好，因而令你感到愉悦；你用一探究竟的复杂方式去审视它时，它的缺陷全部暴露出来，令你感到恶心，是吗？"这个人听了圣僧的话不禁若有所思地点点头。圣僧接着说："生活又何尝不是如此呢？凡事没有完美的极限，如果你能够将你追求极限的心简单化，抛掉你拼争角逐的复杂思想，那么你会发现生活中存在着美好的一面。扔掉你心中的那面'放大镜'吧，以简单的方式生活。你要铭记：复杂的心生长烦恼，简单的心生长快乐。"

听了圣僧的话，这个人幡然醒悟，此后，他以简单的眼光看待生活，以简单的方式思考生活，他发现：自己虽然不是一族之长，不是全村首富，却也衣食无忧、没有愁苦之事、没有仇家之恨；自己的老婆虽然脸上有一道疤痕，但她的眼睛却是最美丽的，而且她善解人意、一心守护家庭，这是多么难得的一个女人啊！自己的孩子虽然总是淘气闯祸，但却知道给自己买最好的酒和自己最爱吃的点心，所谓孝心不过如此吗？那些是非纷争就如过往烟云，自己为何要为身外之物徒增烦忧呢？此后，这个人的心抛开所有纠结，开始装满快乐与幸福。

我们的生活又何尝不是如此呢？如果你非要将简单的生活加上一副审视的放大镜，那么，你所观看到的和感受到的无非是烦恼与痛苦，要如何去创建自己的快乐生活、如何去享受人生的幸福，全在你这一颗心以怎样的方式去看待生活啊！圣僧说："复杂的心生长烦恼，简单的心生长快乐。"如果你想成为一个沐浴生活快乐之光的幸福的人，那么请记住：让自己活得简单一点。

活得简单一点，就是要求你能够以一颗平常心去看待你所面对的一切；要以一颗淡定的心去抛开名利争夺、尔虞我诈；要以一颗安宁的心去关注生活的美好，而非纠结于生活的缺陷与不足。生活如一团麻，你想将其理成丝绸，只会将自己绞缠进纷繁错杂的麻团之中，不得轻松与自由。

摆脱名利欲，别让名利压垮你的一生

名利欲，似乎是这个世界上的人终生都无法躲避的存在，任何人都免不了要和名利打交道，更何况，追逐名利是人们的一种自然本性，有几人会在名利面前真的做到心如止水呢？但是，名利总是"有可为，有不可为"的，这个世界上绝大多数人都喜欢金钱与地位，然而金钱与地位对很多人来说并不是"想而有之"的，要知道名利是一种可求不可得的东西。

正如古人所言："持而盈之，不若其已；揣而锐之，不可长葆之；金玉盈室，莫之能守；富贵而骄，自遗其咎；功遂身退，天之道也。"这段话简言之，其意思就是说：名利就如装在盆子里的水一样，如果一个人将盆子装得满满的，那么不仅不便于行走，而且每走一步水就会溢出来，反而会溅湿自己；名利的欲望，就如同一把尖锐的利器一样，一个人如果总是怀揣这样一把利器，终究会发生意外，刺伤自己；财产再多，又能守住多少呢？权贵再大，如果成为灾祸的根源，那么名利的意义又在何处呢？这段话告诉我们一个道理：名利，属于你的，你可以接受它，不属于你的，你一定不可以强求；太强烈的名利欲不但不会使你得到更多，反而会成为你前进的障碍，甚至会成为压垮你一生的"五行山"。

在太平洋海域的布拉斯岛有这样一个非常奇异的现象：在这一片蔚蓝的海域里，这个布拉斯岛本是一个宁静的小天地，没有任何纷争，这里的各种鱼类也互不侵犯，各自过着属于自己的宁静生活，因而这片海域表面看起来静谧而祥和。可是，就在这片海域的深海处，有一块巨大的方形石头，这块石头一直被人称之为魔方石。因为，游到这里的鱼，无论是什么种类的鱼群，都必死无疑。这些鱼只要游到这块魔方石附近，就会像被施展了魔法一样，性情大变，开始与其他鱼种相互残杀，即便是非常温顺的鱼种也会表现出凶残的暴力性。这样一来，这些鱼便在凶猛的残杀中彼此伤害得血肉模糊，最终死去。

这一奇异的现象引起了科学界的广泛关注，生物学家一直在研究、思索究竟是什么扰乱了这些鱼群的心智，使得它们相互残杀而终究死亡呢？在经过多年研究之后，生物学家们发现了其中的奥秘：原来这块被称作魔方石的巨大石头本身具有一种吸引力，它将一些小鱼吸附到石壁上，在小鱼死去、氧化之后，便会成为一种非常美味的食物，而且会散发出强烈的食物香气；同时，这块大石头上有很多缝隙和洞孔，这些洞孔里有一股股温暖的泉水不断涌出来，可以成为非常合适的窝；并且，这块大石头的表面布满了一种闪闪发光的水晶石，这些水晶石的光芒对鱼的吸引力很大。因而，在美食、巢穴、水晶石的诱惑下，鱼群一到这块大石头旁边便会产生一种极为强烈的占有欲，它们都想把这样一块完美的大石头占为己有，为此和同伴们发生战争。在这样一种利益的驱使下，鱼群便丧失了心智，不顾生死地与对方拼杀抢夺。所以，才引发了一场又一场的血腥之灾。

在太平洋布拉斯岛海域，鱼群因为欲望的驱使，最终导致了自己的毁灭，在生活之中，人们又何尝不是如此呢？在现代社会的大环境中，各种名利的诱惑充斥在生活中，这些名利之诱惑真是形形色色、多种多样，比之这块魔方石那真是有过之而无不及。如此的社会名利诱惑就如同一个巨大的旋涡，如果你心存过强的名利欲，一心想要占有更多的功名利禄、生命威望，那么你就会被卷入这巨大的旋涡之中，像那些不能抵御魔方石诱惑的鱼群一样失去心智，为之极尽所能地进行拼争。而拼争的结果会是什么呢？无疑是丧失自我、颠覆人生。

由此可见，名利欲的杀伤力是多么地强悍，而追逐于名利场中的人却在全然不知中走向覆灭。因而我们说，要做生活中的智者，要做人生的主宰者，要创造出真正属于自己人生的精彩，就必须远离对名利追逐的拼杀与争夺，彻底地摆脱名利欲。唯有摆脱名利欲之人，才可保持心智的平衡，才可保持睿智的思维，才可感受到生活的美好、创造生活的美好。

在清朝道光年间，有一个叫作冯志圻的刑部大臣，他非常喜爱名人的碑帖书画，但是他却从不向他人说起自己的爱好。有一次，他的一个下属送给他一本非常著名的宋代碑帖，这本碑帖实属难得一见的珍品，而冯志坼却连看都没有看一眼，原封不动地将这本宋代碑帖还了回去。当时，旁人都劝他说："冯大人，我们都知道您非常喜爱这些古董艺术，虽然我们不懂这些，但也知道这本碑帖是极为珍贵的稀世之宝，您怎么都不打开看一下呢？您还是看一看吧。"谁知冯志坼听后回答说："正因为我知道它是稀世珍宝，所以才不能打开它。一旦我将其打开，我就会对其爱不释手，它对我的诱惑力就会驱使我产生更大的占有欲，而一个人一旦有了强大的占有欲，便会成为心智不宁的'狂人'，甚至会危害到家人和人生。如果我不打开它，我便可以摆脱这种占有欲的冲击，便可以于清宁之中享受我现有的生活。"冯志坼说完，立即使得旁人都赞叹不已。

我们看到，冯志坼大人并非不具有对名利的占有欲，但他非常理智地摆脱了名利欲，因而远离诱惑，以协调自我人生的平衡发展。在现代生活中，我们虽然很难成为真正清心寡欲的"不食人间烟火"之人，但我们必须认识到对名利追逐的限度，要以睿智与理智去摆脱名利欲的冲击，不要让自己的人生毁于名利角逐场中。

如古人所说，名利欲就如盛入盆中的水，装得太满就会溢出溅湿自己，而且会阻碍我们的前行，那么如果我们端着一个只盛入半盆水的盆子，不就不会使水溢出、溅湿自己了吗？又可以轻松前行？因而，一个人要懂得，摆脱名利欲，舍弃那成为负重和隐患的半盆水，让自己在人生之路上轻松前行。

学会舍得，放下才有收获

古语说："舍得，舍而得之。"这句话的道理很简单：舍得，要先有"舍"，而后才有"得"。这个道理说起来简单，做起来却并不容易，因为人都是具有占有欲的，有时候很难放下自己所想要的东西，尤其是名利。虽然人在生活中，想要占有的东西很多，但是人只有放下一些，才会得到更大的收获，这是一种客观事物的发展规律，更是一种人生哲学、生活智慧。正如哲人所言："要想得到野花的清香，必须舍弃城市的舒适；要想得到永久的掌声，必须舍弃眼前的虚荣；舍弃了蔷薇，你会拥有玫瑰；舍弃了小溪，你会拥有大海；舍弃了驰骋草原的不羁，你会拥有策马徐行的自得；舍弃了一棵大树，你会拥有一整片森林。"人只有在名利面前懂得舍得艺术，学会舍得，才可以成就更大的人生收获。《伊索寓言》中讲述过这样一个故事：

有一个人非常热爱登山，他一心要登上世界第一高峰。在经过多年的登山训练之后，他准备好一切行装出发了，去实现自己登上世界第一高峰的梦想。因为这个人一心想独自占有成功登上世界第一高峰的荣誉，所以他没有与任何人结伴同行，而是选择了独自出发。当他到达大山脚下，天色已经很晚了，而且他已经因为赶路而相当疲惫了，在这样的情况下，他本该先搭建好帐篷，好好地休息一个晚上。可是他心急于登山，生怕有人在他之前抢占先机，所以他到达大山脚下之后立即开始攀登，根本没有等到天明。当他攀爬了一会儿之后，天已将全黑了，四周的环境根本无法看清，他什么都看不见，只是凭着感觉和双手的触碰艰难地向上攀登。当他一点点地越爬越高，还剩下几尺的距离就到达山顶的时候，他突然滑到，跌落了下去。这时他不断地下坠，他看不见自己已经坠到了多深的底部，只是感觉自己在迅速下落。就在他的心里被恐惧占满的时候，他突然停止了下坠，原来是自己腰间的一根绳子挂在了树枝上，拉住了他，将他吊在了半空中。这个人此时在一片漆黑中根本无法看清自己处在什么位置，只是很庆幸自己被绳子吊住了。这时他想起了上帝，于是他大声呼喊说："上帝啊，请你救救我吧！我还要继续完成我的登山梦想呢！"这个时候，他突然听到上帝的回音："年轻人，你想让我怎样帮助你呢？"这个人一听，喜出望外，立刻说："上帝，你救救我，让我平安地落在地面上。"这时上帝回答说："如果你相信我，那么请你用腰间的那把匕首割断你腰间的这根绳子。"说完，上帝便离开了。可是这个人想了又想，绳子是维系自己生命的依托啊，如果将绳子割断了，我还有机会去做攀登世界第一高峰的第一人吗？我怎么可以割断它呢？就这样，他一直没有割断这根绳子，一直悬挂在空中。第二天早晨，山下的居民发现这个人被冻成了僵尸，悬挂在一棵树上，而他距地面的距离只有不到两米，只要他将绳子割断，从空中坠落下来，他便可以逃生。

在这个故事中，这个登山人有3次以"舍得"换取前进和生存的机会：第一次，他如果舍得与他人分享自己的荣誉，与自己的登山朋友一起结伴而行，那么即便相同的情况发生，也会有他的朋友及时帮助他脱离困境；第二次，如果他舍得给别人一个争取荣誉的机会，先在大山脚下休息一个晚上，等到天明再继续攀爬，那么便不会有这种意外发生，即便发生了相同的情况，他也可以清楚地看到自己与地面的距离，顺利逃生；第三次，如果他舍得割断这根看似是在维系他生命的绳子，舍得放弃自己做"第一人"的欲望，他便可以安全逃生。如果他舍得了这些，那么不但可以保住自己的生命，而且还会真的实现自己攀上世界第一高峰的梦想。可是，情况却恰恰相反，他所有的"不舍得"最终不但使得他梦想破灭，而且葬送了生命。

在这个故事中，上帝给他的启示是：舍得利，而获得生；舍得眼前的利益，而获得永生的利益。但是可悲的是，登山人并没有意识到这些，他因为惧怕失去，而终究失去。其实，那一根看似在维系登山人希望的绳子，暗示的就是我们生活中的名利之荣啊！有时候，这些存在于我们生活中的各种欲望就如同一根绳子一样紧紧将我们的人生悬挂于空中，不可上，不可下，甚至会为此而遭遇梦想的破灭。但是，只要我们能够舍弃心中的种种欲望与贪念，割断这一根悬挂住我们人生的"绳子"，那么我们所收获的不就是新生与更好的未来机遇吗？